GERMANIA

VON

JACOB WIMPFELING

übersetzt und erläutert

von

ERNST MARTIN

Mit ungedruckten Briefen von Geiler und Wimpfeling

Ein Beitrag zur Frage nach der Nationalität des Elsasses und zur Vorgeschichte der Strassburger Universität

STRASSBURG
VERLAG VON KARL J. TRÜBNER
1885

EINLEITUNG.

Jacob Wimpfelings Germania, 1501 erschienen, steht inmitten des reichen literarischen Lebens, welches zu jener Zeit im Elsass und vor Allem in Strassburg blühte [1].

Vier Namen sind es, an die sich die Erinnerung an dieses literarische Leben vorzugsweise anknüpft: Geiler, Wimpfeling, Brant und Murner. Alle diese Männer stehen zu den Absichten der Germania und zu ihren Schicksalen in bestimmten Beziehungen, und es heisst nicht abschweifen, wenn zunächst in kurzen Zügen Leben und Wirken dieser vier Schriftsteller in Erinnerung zu bringen versucht wird.

Joh. Geiler war 1445 zu Schaffhausen geboren, ward aber bei seinem Grossvater in Kaisersberg erzogen, weshalb er sich auch dankbar nach dieser Stadt benannte. Er studirte in Freiburg, war an dieser Universität und in Basel als Lehrer thätig, nahm aber 1478 einen Ruf als Prediger an dem Strassburger Münster an und verwaltete dies Amt bis zu seinem Tode 1510. Die Berufung war durch hervorragende Bürger unserer Stadt veranlasst, welche dann auch für die Aufbringung des Gehaltes sorgten. In volkstümlicher Form, freimütig und unermüdlich, hat Geiler die Missbräuche seiner Zeit bekämpft: als Prediger, nicht als Schriftsteller. Selbst veröffentlicht hat er nur wenige Traktate, meist Uebersetzungen und Bearbeitungen. Aber schon bei seinen Lebzeiten sind seine Predigten aus Nachschriften gedruckt worden; nach seinem Tode entwickelte sich eine förmliche Industrie nach dieser Richtung, bis die Reformation auf einmal das Interesse daran abschnitt. Für die Anhänger der neuen Lehre war Geiler zu katholisch, und die katholische Kirche hat ihrerseits Geilers Werke auf den Index gesetzt.

Machte Geiler die Sittenverbesserung vom religiösen Standpunkt aus zu seiner Aufgabe, so war Wimpfeling von pädagogischer Seite her dafür thätig. Er ist mit Recht der Altvater unseres Schulwesens genannt worden.[a] Der Unterricht, der freilich auch weiterhin wesentlich auf die Aneignung der lateinischen Sprachkenntniss sich richten sollte, ward durch seine Bemühungen zuerst von den scholastischen Formen befreit und der humanistischen Methode zugeführt. Die grammatischen Regeln sollten nicht mehr zugleich mit ihren philosophischen Begründungen auswendig gelernt, sondern kurz gefasst und durch Beispiele erläutert werden; und das Latein selbst sollte von barbarischer Entstellung befreit sich an das Muster der alten Schriftsteller möglichst anschliessen; endlich ward das bisher übliche Prügeln der Schulknaben verworfen und der Lehrer ermahnt vor allem durch sein Beispiel auf die Jugend zu wirken.

Jacob Wimpfeling war geboren zu Schlettstadt 1450. Dort hatte eben damals ein Westfale, Dringenberg, die berühmte Schule begründet, welche noch auf längere Zeit die Humanisten des Elsasses grossenteils herangebildet hat. Wimpfeling studirte in Freiburg, in Erfurt, in Heidelberg; und hier kam er mit dem Hofe Friedrichs des Siegreichen in Verbindung, der sich für Kunst und Literatur lebhaft interessirte. Wimpfeling war 1471 Magister, 1479 Decan der Artisten, später Rektor. Als Vorsitzender bei den Disputationen liess er nach der Weise der Zeit auch scherzhafte Themata zu, wie z. B. über die »Schelmenzunft,« wobei das liederliche Leben der Studenten recht anschaulich geschildert wird, natürlich zum abschreckenden Beispiel[3]. Solche Verhandlungen wurden auch in dramatischer Form aufgeführt, und von Wimpfeling selbst rührt eine derartige Komödie her, Stilpho[4]: sie stellt den Gegensatz dar zwichen dem fleissigen Studenten und dem Curtisanen, welcher in Rom durch niedrige Dienste bei einem Kardinal sich die päpstliche Anweisung auf die nächste frei werdende Pfründe erwirbt. In der Komödie bringt freilich die poetische Gerechtigkeit Alles wieder in Ordnung: der unwissende Curtisan wird entlarvt und muss froh sein, als Schweinehüter sein Leben zu fristen, während der fleissige Student die erledigte Stelle erhält und zuletzt sogar Bischof wird. Dass aber in der Wirklichkeit sich gelegentlich nur die erste Hälfte seines Dramas bewahrheitete, hat Wimpfeling selbst später bei der Bewerbung um eine Stelle am Thomasstift erfahren.[5]

So sehr nun Wimpfeling am Universitätsleben hing, so nahm er doch 1484 eine Predigerstelle in Speyer an, wo er freier seinen literarischen Arbeiten leben konnte. Es sind meist kleine Schriften, öfters in Briefform, auch in der Gedankenentwickelung nicht streng systematisch. Der Verkehr mit gleichgesinnten Freunden, insbesondere mit dem gelehrten Abt Trithemius von Spanheim bei Kreuznach, gab dazu manche Veranlassung. So wirkte Wimpfeling mit an dem 1495 gedruckten *Catalogus illustrium virorum* des Trithemius, dem ersten Versuch einer gelehrten deutschen Literaturgeschichte.

1498 kehrte Wimpfeling nach Heidelberg an die Universität zurück, aber nur um 1500 seine Stellung wieder aufzugeben. Ein Freund hatte sich mit ihm und mit Geiler verabredet, dass sie zusammen das Weltgetriebe verlassen und in einer Einöde des Schwarzwaldes, etwa in St. Blasien[6], sich ganz der Beschaulichkeit und frommen Uebungen widmen wollten. Jetzt kam der Ruf zur Ausführung dieser Absicht an Wimpfeling[7]. Als er aber in Strassburg eintraf, war jener Freund, Christoph von Utenheim, eben zum Bischof von Basel erwählt worden und glaubte diese Stelle auch annehmen zu sollen, in welcher er am meisten im Sinne der Genossen wirken konnte[8].

Wimpfeling blieb in Strassburg. Er beschäftigte

sich damit, Söhne angesehener Strassburger zu erziehen, und begleitete diese Zöglinge zuweilen auch auf die benachbarten Universitäten Freiburg und Heidelberg. Unter ihnen befand sich auch der später so berühmt gewordene Jacob Sturm. Noch andere, gleichstrebende schlossen sich dem angesehenen und für seine Studien begeisterten, gern auch persönlich hilfreichen Lehrer an. Es bildete sich eine *sodalitas litteraria,* an deren Spitze Wimpfeling 1514 dem nach Basel ziehenden Erasmus einen festlichen Willkomm bereitete: in dem Dankschreiben des Gefeierten findet sich das so vielmals angeführte Lob Strassburgs, seiner Verfassung, seiner Verwaltung [9].

Eifrig setzte nun auch Wimpfeling seine Schriftstellerei fort. Die Offenheit und Heftigkeit, mit der er seine religiösen und politischen Ansichten aufstellte und verteidigte, zog ihm freilich manchen Kampf zu. Der um die Germania entbrannte soll später ausführlich dargestellt werden. Wie er hier gegen die Franzosenfreunde eiferte, so bekämpfte er auch die Schweizer, welche eben damals Basel vom Deutschen Reiche losrissen und an sich zogen. Mit den Schwaben bekam er es zu thun, als er mit dem leidenschaftlichen Poeten Locher zu Freiburg in eine literarische Fehde gerieth [10]. Die schlimmste Wendung aber nahm ein Streit Wimpfelings mit den Augustinern. Er hatte in seiner Schrift *de integritate* 1505 behauptet, dass der h. Augustin niemals ein Mönch gewesen sei, wie er in den Klöstern des nach ihm benannten Ordens mit langem Barte und in der

Kutte abgemalt werde. Das nahmen die Augustinermönche sehr übel; eine Vorladung nach Rom wurde dem alten Manne nur durch die Fürsprache angesehener Humanisten bei der Curie erspart.

Von solcher Polemik frei sind die Schriften, in denen Wimpfeling seine historischen Studien niederlegte. Seine *Epitome rerum Germanicarum* 1505 ist die erste, freilich in Umrissen gehaltene, deutsche Geschichte vom nationalen Standpunkt aus. Hier hatte Wimpfeling die Aufzeichnungen eines verstorbenen Freundes, Sebastian Murr, zu Grunde gelegt. Noch wertvoller, ja wegen der Benutzung jetzt verlorenen Materials noch immer unentbehrlich ist sein Verzeichniss der Strassburger Bischöfe, *Argentinensium episcoporum catalogus* 1508.

Auch die Abfassung amtlicher Schriftstücke ward ihm aufgetragen. So schrieb er 1503 die Synodalverfassung des Bistums Basel; so erschienen 1520 die von ihm früher schon für Kaiser Maximilian ausgearbeiteten Beschwerden gegen die päpstliche Curie (*Pragmaticæ sanctionis medulla* und *Gravamina Germanicæ nationis*).

Von besonderem literarischen Wert und vor allem als Zeitstimme hochinteressant ist »Das Gebet des Volkes« (*Oratio vulgi ad deum*)[11], welches Wimpfeling allerdings nicht mit seinem vollen Namen veröffentlichte, vermuthlich 1517. Es schildert das Elend der Bauern — besonders in der Mainzer Diöcese. Von den Auflagen geistlicher und weltlicher Herren werden sie erdrückt; leisten sie ihre Steuern nicht, so trifft sie der härteste Bann; das Wenige, das ihnen bleibt, wird ihnen oder ihren leichtgläubigen Weibern durch die Bettelmönche abgeschwatzt. Sie haben es schlimmer als ihre Lastthiere. Und doch lässt sie Wimpfeling vor Gott nur demütig klagen und um Geduld beten. Keine andere Flugschrift lässt uns die Zustände und Stimmungen so deutlich erkennen, aus denen die Bauernkriege hervorgingen.

Freilich als dann die Reformation immer kühner alle geistliche und kirchliche Ordnung umzustürzen schien, als sie die Messe abschaffte und die Marienverehrung, welcher fast alle elsässischen Humanisten eifrig anhingen, da wandte sich auch Wimpfeling von ihr ab, wie sein Freund Brant, wie das Haupt der Humanisten, Erasmus. Jacob Sturm aber entgegnete den Abmahnungen seines ehemaligen Lehrers: »bin ich ein Ketzer, so habt ihr mich zu einem gemacht[12].«

Verstimmt und vereinsamt zog sich Wimpfeling nach Schlettstadt zurück, wo er 1528 starb.

Ueber Sebastian Brant bedarf es hier nur weniger Worte. Er ist in Strassburg geboren, 1457. An der Universität Basel war er erst Student, dann Lehrer der Rechte. In Basel liess er 1494 sein »Narrenschiff« erscheinen, das sofort allgemeinen Beifall und weiteste Verbreitung fand. Auch das 1509 erschienene »Lob der Narrheit« von Erasmus ist dadurch angeregt. 1500 ward Brant auf Geilers Betrieb nach Strassburg berufen und als Syndicus, später als Stadtschreiber angestellt. Auch Kaiser

Max, den Brant schon von Basel aus gefeiert hatte, bediente sich zuweilen seines Rates. Aber Brant versuchte nicht, wie Geiler und Wimpfeling, die Zeitgenossen für seine Ideale zu gewinnen; als Dichter und als Rechtsgelehrter hoch angesehen, begnügte er sich damit vornehm zu tadeln. Hatte man sich im Stadtrat gelegentlich über sein etwas dreistes, spitzes Wesen zu beklagen, übt Brant in seinen handschriftlichen Annalen — von denen wir jetzt leider nur noch Auszüge besitzen — an dem Verhalten des Strassburger Bischofs eine ironische Kritik, so verhielt er sich doch auch den reformatorischen Bewegungen gegenüber kühl ablehnend. Er starb 1521.

Endlich die vierte dieser Strassburger Berühmtheiten, Thomas Murner. Während die bisher genannten drei innig befreundet waren, steht Murner zu ihnen in Gegensatz, ja teilweise in offener Feindschaft. Literarisch freilich schloss er sich dem Muster der anderen an. Wenn Brants Narrenschiff die Verkehrtheiten der Zeit in einer Reihe von Narren personificirt, so greift Murner in seinen Dichtungen meist Sprichwörter und volkstümliche Redensarten heraus, die er dann derber, aber auch witziger als Brant erläutert. Wie Geiler das »Narrenschiff« seines Freundes einer Reihe von Predigten zu Grunde gelegt hatte, so predigte Murner über seine eigenen Werke dieser Art. Hatte Geiler sonst etwa eine Pilgerfahrt oder — in Predigten vor Nonnen — die Bereitung eines Hasenpfeffers geistlich ausgedeutet, so benutzte Murner noch geschmackloser einen Aufenthalt in Baden-Baden um die Thätigkeit Christi für den Sünder mit der des Baders zu vergleichen, welcher einseift, wäscht, abreibt und schröpft.

Aber wenn jene andern nie den eigentlichen Zweck der Sittenverbesserung aus den Augen verlieren, will Murner nur lachen und höhnen. Am besten sind daher die Werke, denen man kaum noch eine moralische Tendenz zuschreiben kann. Murner hat — wenn auch nach einem jetzt verlornen niederdeutschen Original — dem Till Eulenspiegel die literarische Form gegeben, in welcher wir jetzt das Volksbuch besitzen. Ganz frei gedichtet scheint die erst vor Kurzem [13] wieder zugänglich gemachte »Mühle von Schwindelsheim« 1515. Geradezu geistreich ist hier am Schluss die Klage des Müllers über seinen entlaufenen Esel. Er sucht ihn überall und findet ihn überall: im Laden der Kaufleute, im Rat der Zünfte, im Gericht der Vornehmen, überall sitzt er oben an und ist hochgeehrt; ja selbst in den Klöstern führt er das Regiment, als Prior der Dominikaner, als Guardian der Franziskaner.

Diese letzte Anspielung war die Rache, welche Murner an seinen Ordensbrüdern nahm, als sie ihn zum Guardian erwählt, aber bald darauf abgesetzt hatten. 1475 zu Oberehnheim geboren, war er frühzeitig ins Kloster getreten, trieb sich aber bald überall umher, insbesondere an den Universitäten. 1519 erwarb er in Basel den juristischen Doktorhut. Er hatte die Institutionen verdeutscht, er hatte ein Kartenspiel erfunden, durch welches man auf die angenehmste Weise die Kenntniss des römischen Rechts sich aneignen sollte [14]. Das waren freilich in den Augen der strengeren Fachgenossen keine besonderen Empfehlungen. Der Rechtslehrer Zasius in Freiburg schrieb an seine Baseler Kollegen die gröbsten Briefe, sie sollten doch ihren Doktor nicht durch die Verleihung an einen solchen Menschen völlig herabwürdigen. Seinerseits suchte Murner die Feierlichkeit mit um so grösserem Glanze zu umgeben. Er schrieb an die Ratsherren der Stadt Strassburg, sie möchten ihm dazu die Stadtpfeifer zuschicken. Das verbat man sich denn doch in Basel und vollzog den Akt in aller Stille [15]. Den Dank dafür stattete Murner ab, indem er den Baselern »zu einer Letz« d. h. zum Abschiedsgeschenk seine »Gäuchmatt« (Kuckuckswiese) zueignete, eine Schilderung der geplagten Liebhaber und Ehemänner, »allen weibischen Männern zur Strafe.«

Bald darauf begann die Reformation. Jetzt ward Murner allerdings ernst, nur dass ihn Niemand mehr ernst nehmen wollte. Immerhin ist sein Gedicht »vom grossen lutherischen Narren« 1522, eine durch Kraft und Reichtum ausgezeichnete Satire, auch durch dramatische Einheit vor Murners früheren Arbeiten hervorragend.

Wegen seines gehässigen und dabei zweideutigen Benehmens musste er 1524 Strassburg verlassen und entkam 1525 in Oberehnheim nur mit genauer Not den aufständischen Bauern. Er begab sich nach Luzern und schürte den Krieg gegen die reformirten

Eidgenossen. Diese verlangten 1529 seine Ausweisung. Seine letzten Jahre hat er als stiller Mann in seiner Heimat verlebt, bis 1537.

Murner war also ein noch namenloser Jüngling, etwa halb so alt als Wimpfeling, als dessen Germania 1501 erschien[16].

Der eigentliche und Hauptzweck dieser Schrift war die Förderung einer Angelegenheit, welche Geiler schon früher eifrig betrieben hatte, die Errichtung einer höheren Schule in Strassburg. Geiler hatte bereits, aber vergeblich, die geplante Umwandlung des Damenstifts zu St. Stephan in ein Kanonikercollegium so zu wenden gesucht, dass die dazu Berufenen Gelehrte sein und eine Art akademischer Lehrthätigkeit entfalten sollten[17]. Jetzt hoffte er erst von Brant[18], dann von Wimpfeling eine Förderung dieser Wünsche. Wimpfeling unternahm es, in Strassburg eine humanistische Lehranstalt ins Leben zu rufen, welche zwischen den bereits bestehenden niederen oder doch nur für Geistliche bestimmten Schulen und dem Besuche der auswärtigen Universitäten vermittelnd eintreten sollte. Wir erfahren, dass dabei besonders die in Pisa, Florenz und Venedig eingerichteten Schulen als Muster angesehen wurden[19], sowie dass namentlich Virgil oder der christliche Dichter Baptista von Mantua, ferner Cicero, Sallust und Valerius Maximus gelesen und erläutert werden sollten[20].

Wimpfelings Germania sollte also vor dem Strassburger Stadtrat, dem sie gewidmet ist, den Plan eines solchen »Gymnasiums« (so nannte man damals auch die Universitäten) entwickeln und empfehlen. Das ist der Inhalt des II. Buches, welches an Umfang das I. weit übertrifft. Auch im II. Buch holt Wimpfeling noch einmal weiter aus. Er bespricht die Bedingungen zur Blüte eines Gemeinwesens: die Eintracht der verschiedenen Stände, die kluge und gerechte Leitung. Dann macht er auf den Wert der lateinischen Sprache aufmerksam, wie ihre Kenntniss vor Allem beim Verkehr mit Ausländern nöthig sei; doch vergisst er auch kleinere Vorteile nicht: die Abfassung von Annalen und selbst die von Inschriften. Hierauf entwickelt er das Programm des Gymnasiums, welches 5 oder wenigstens 3 Jahre lang die in den Elementen unterrichteten Knaben aufnehmen solle. Besser sei solche Beschäftigung der Jugend, als eine Freiheit ohne Zucht und ohne Unterricht, oder als die Gefahr, die ausserhalb des Elternhauses die allzu jungen Studenten auf der Universität erwarte. Ausdrücklich weist er den Gedanken ab, dass ein solches Gymnasium den bestehenden Kirchen- und Klosterschulen zum Nachteil gereichen könne; aber auch der Sorge tritt er entgegen, als ob dadurch noch mehr Geistliche herangebildet würden, da es sich hier nur um die Beschäftigung mit den Mustern des lateinischen Stils, mit den Rednern und Geschichtschreibern der Alten handle. Musik solle allerdings auch getrieben werden und dies freilich dem Gottesdienste zu Gute kommen. Uebrigens sollten der Stadt dadurch keine weiteren Kosten erwachsen, ausser der Einräumung eines Gebäudes für die Schule.

Hieran knüpfen wieder allgemeine oder doch ferner liegende Betrachtungen, an denen noch besonders bemerkenswert erscheint die Uebereinstimmung zwischen einigen Forderungen Wimpfelings und denen, die Geiler in seinen XXI Artikeln aufgestellt hat [21].

Das ganze II. Buch der Germania wird man, abgesehen von Einzelheiten, die uns jetzt auffallen, abgesehen auch von der durch die lateinische Form veranlassten Breite und Schwülstigkeit, nur verständig und lobenswert finden können. Auch zur Zeit als die Schrift erschien, hat sich wenigstens öffentlich Niemand gegen diesen zweiten Teil ausgesprochen. Wohl aber fand Widerspruch, was Wimpfeling im ersten Teil über die Deutschheit des Elsasses [22] auseinandergesetzt hatte, — Erörterungen, die durch den Titel Germania allerdings noch mehr in den Vordergrund gestellt worden waren.

Hier erinnert Wimpfeling zunächst daran, dass die Behauptung, Gallien erstrecke sich bis zum Rhein, eine sehr bedenkliche Auslegung durch den Dauphin Ludwig (XI) erhalten habe, der 1444 gegen die Schweizer ausgezogen, das ganze Gebiet des ehemaligen Galliens an sein Haus zurückbringen zu wollen vorgab. Seitdem habe es auch in Strassburg und im Elsass Halbfranzosen gegeben, *semigalli*, welche, als Gesandte nach Frankreich geschickt und dort freundlich aufgenommen, die französischen Ansprüche unterstützt hätten in der Hoffnung selbst dabei zu gewinnen.

Dem gegenüber behauptet Wimpfeling, dass niemals Gallier oder Franzosen römische Kaiser gewesen seien, dass zwischen Gallien und dem Rhein Austrasien liege, dessen westliche Grenze für das Rheinthal durch die Vogesen gebildet werde.

Seine Behauptungen stützt Wimpfeling zunächst auf vier abgeleitete Gründe, die er Vermutungen, *conjecturæ*, nennt. 1) Pipin sei als ein Deutscher anzusehen, weil er noch jetzt im deutschen Sprichwort fortlebe. 2) Karl der Grosse war ein Deutscher, er schrieb deutsche Bücher, gab Winden und Monaten und so auch seinen Töchtern deutsche Namen; 3) auch desshalb müsse er als Deutscher gelten, weil er so viele Stiftungen in Deutschland hinterlassen, ja sogar selbst auf deutschem Boden sich habe begraben lassen. 4) Die deutschen Stämme, unbesiegbar, hätten sich niemals durch Fremde unterjochen lassen; vielmehr sei Gallien von den Ostfranken, aus der Würzburger Gegend, unterworfen worden.

Hierauf führt er sieben Zeugen an: Päpste des Mittelalters, welche Karl den Grossen als Deutschen bezeichnet oder verkündet hätten, dass das Reich von den Griechen auf die Deutschen übergegangen sei; andere Italiener, die sich in dem gleichen Sinne ausgesprochen hätten; aber auch antike Schriftsteller, Ammianus Marcellinus und zuletzt Tacitus, welcher letztere die Trebotes (richtiger Triboker) d. h. die Vorfahren der Strassburger, die Nemetes d. h. die

Speirer, die Vangiones d. h. die Wormser, endlich auch die Ubier d. h. die Kölner für Germanen erklärt habe.

Dann bringt er aus Suetonius eine *historia* mit ähnlicher Schlussfolgerung und wendet sich zuletzt den Abzeichen der Stadt Strassburg zu. Allerdings sei auf ihren Münzen eine Lilie ausgeprägt, allein, wie man bei den Sammlern alter Münzen sehen könne, sei dies keineswegs das älteste Gepräge gewesen. Und überdies sei die eine Lilie auf den Münzen doch etwas anderes als die drei Lilien auf Wappen und Banner der französischen Könige[23]. Das Strassburger Kriegszeichen sei in weissem Feld ein roter Streifen, welcher letztere, nach Aussage eines Veteranen, an den Blutstrom erinnern sollte, der einst bei der Verteidigung der Stadt durch ihre Strassen geflossen sei.

In jedem Falle habe Strassburg immer den deutschen Kaisern gehört und nicht den französischen Königen, welche von Hugo Capet, einem Fleischerssohn nach der Volkssage, abstammten[24].

So die geschichtliche Begründung für Wimpfelings Ansicht. Prüfen wir sie nach dem gegenwärtigen Stand unserer Kenntniss, so werden wir zunächst zugestehen müssen, dass Wimpfelings Ansicht von dem Bestehen eines Gebietes, Austrasien, zwischen Gallien und dem Rhein für die Zeit Cäsars durchaus hinfällig ist. Aber wir werden allerdings festhalten, dass schon Cäsar im unteren Elsass germanische Völkerschaften ansässig fand, ebenso wie bald nach ihm die germanischen Ubier auf dem linken Rheinufer angesiedelt wurden. Wir werden ferner darauf hinweisen, dass noch in der ersten Kaiserzeit das linke Rheinufer in eine *Germania prima* und *secunda* geteilt wurde, welche administrativ und sogar durch eine Zollgrenze von der Provinz Gallien geschieden waren[25]. Es hat daher nur den Wert einer ungenauen Ausdrucksweise, wenn auch die späteren Schriftsteller Gallien und Germanien durch den Rhein getrennt sein lassen.

Vollkommen richtig ist dann, was Wimpfeling über das Deutschtum Karls des Grossen sagt. Die Worte seines Biographen Einhard lassen nicht den mindesten Zweifel darüber, dass Karls Muttersprache das Deutsche war, wenn er auch lateinisch sprechen und sich dadurch seinen romanischen Unterthanen verständlich machen konnte. Wir nennen Karl jetzt den Begründer der deutschen Literatur im engeren Sinne, wonach Literatur die schriftlich aufgezeichneten Geisteswerke umfasst; wir nennen ihn eben deshalb auch als den, welcher den ersten Grund zur deutschen Schriftsprache gelegt hat[26]. Und andererseits wissen wir, dass unter seinen Enkeln (842) die französische Sprache zuerst selbstständig hervortritt, in den bekannten Strassburger Eiden, von denen diejenigen französisch abgefasst waren, welche den Gefolgsleuten Karls des Kahlen verständlich sein sollten[27].

Die deutsche Nationalität Karls des Grossen hat bereits der Strassburger Chronist Königshofen, im deutlichen Gegensatz zu seinem Vorgänger Closener betont[28]. Closener sagt, als er auf Karl zu reden kommt: das Reich kam an die Franzosen; erst bei Ludwig dem Kind und Konrad I.: das Reich kam an die Deutschen. Königshofen dagegen weist auf den Unterschied zwischen Franken und Franzosen hin und rechnet Karl zu den Deutschen: wenn er über Franzosen regiert habe, so sei es dasselbe Verhältniss gewesen, wie unter Karl IV. und Wenzel, die als Deutsche in Böhmen herrschten.

Seinerseits aber stützt sich Königshofen auf die Schriften des Mainzer Domherrn, späteren Bischofs von Bamberg, Lupold von Bebenburg, welcher um 1340 die Rechte Ludwigs des Bayern gegen die päpstliche Curie verfocht und die Absicht des zu Avignon residierenden Johannes XXII., die Kaiserkrone an Karl IV. von Frankreich zu übertragen (1324) oder doch dem französischen Könige vorzubehalten (1334) im Auge hatte[29]. Lupolds Hauptschrift wurde 1508 von Wimpfeling herausgegeben, eine andere war bereits 1497 von Seb. Brant zum Drucke gebracht worden[30].

In seiner Germania hatte Wimpfeling freilich die deutschen Zeugen nur nebenbei erwähnt; er glaubte mit Anführung der unparteiischen Römer und sonstigen Italiener genug gethan zu haben.

Seine Schrift sandte er mit einem sehr merkwürdigen Schreiben[31] zunächst an Sebastian Brant, welcher in seiner amtlichen Stellung eine Art von Censur zu üben hatte. Brant scheint die Bedenken Wimpfelings, als ob aus der Veröffentlichung irgendwelche Gefahr entstehen könnte, beseitigt zu haben. Wimpfeling gab seine Germania mit einer Vorrede vom 14. Oktober 1501 heraus[32]. Er hatte an den Rat für die des Lateinischen unkundigen Mitglieder auch eine deutsche Uebersetzung eingesandt, welche jedoch erst 1648 durch den bekannten Patrioten Moscherosch veröffentlicht worden ist[33].

Der Rat soll die Zusendung mit Dank angenommen und mit einem Geschenk von 12 Goldgulden erwidert haben[34]. Wimpfelings Schüler begleiteten den Druck der Schrift mit Gedichten voll des höchsten Lobes.

Um so schmerzlicher musste Wimpfeling den Angriff empfinden, den ein junger, von ihm selbst freundlich behandelter Mönch gegen ihn richtete, und zwar in einer wahrhaft verletzenden, höhnenden Gegenschrift.

Die Gründe, die Murner zu diesem Schritt bewogen, sind nicht allein in seiner Sinnesart zu suchen, in seinem Streben sich geltend zu machen, in seiner Lust an Spott und Hohn, zu welchem die freilich etwas prunkhaft gehaltene Schrift des enthusiastischen Wimpfeling Gelegenheit und Anlass geben konnte. Aber es war zugleich der ganze Gegensatz zwischen Bettelmönch und Weltpriester, zwischen dem scholastischen Disputanten und dem humanistischen Pädagogen, der in Murners Schrift zum Ausdruck kam.

Der Gegensatz zwischen den Bettelorden und dem Weltklerus ist während der drei letzten Jahrhunderte des Mittelalters mehr oder minder offen und heftig zu verspüren. Erstere hatten im 13. Jahrhundert zu dem Umschwunge wesentlich beigetragen, der die Hohenstaufen vernichtete und dem Kaisertum nur noch den Schatten seiner früheren Bedeutung liess. Sie haben im deutschen Volke zu den kirchlichen Einrichtungen auch die kirchliche Gesinnung hervorgerufen. Ihre Predigten, wie die des Bruder Berthold und des Meister Eckhard, haben in der Geschichte unserer Literatur eine sehr hohe Bedeutung. Aber die grossen Gedanken, welche im ersten Jahrhundert ihres Bestehens sie erfüllt hatten, räumten bald der Routine das Feld, und Mittel anderer Art sollten ihren Einfluss heben und halten. Schon im Gedicht vom Wartburgkrieg begegnet man einer Reihe von Strophen, welche an Verhältnisse vom Jahre 1233 anknüpfend, die Bettelorden desshalb preisen, weil sie die Sakramente umsonst spenden[35]. Und gegen die Mitte des 15. Jahrhunderts kämpfen hier in Strassburg Weltklerus und Orden erbittert gegen einander[36]. Die Leutpriester werden beschuldigt, dass sie die Bestattung der Toten in ihren Kirchen mit den härtesten Mitteln erzwingen wollten um der Gebühren nicht verlustig zu gehen. Ein Münsterprediger, Johannes Creuzer, ward verklagt und, obschon der Bischof von Strassburg für ihn eintrat, von einer päpstlichen Kommission verurteilt. Vergeblich suchte er selbst in Rom das Urteil wieder rückgängig zu machen. Lange blieb seine Stelle als Münsterprediger unbesetzt, bis erst Geiler sie wieder einnahm. Dass Geiler und Wimpfeling Creuzers Schicksal als ein unverdientes beklagten, ist bezeugt[87]. Und wir begreifen, dass beide den Verkehr mit den Bettelorden mieden, dass Geiler mit den Johannitern und Wilhelmiten besonders befreundet war und Wimpfeling im Wilhelmerkloster wohnte: diese beide Orden standen den Laien weit näher.

Und nun lautete eine von den Behauptungen, wegen deren Creuzer die Bettelorden bekämpfte: die Lehrer an den deutschen Hochschulen seien lauter ungelehrte Gesellen und Bachanten; aber in Italien, Spanien, Frankreich und England gebe es rechte Universitäten. Diese internationale Gesinnung dürfen wir wohl auch bei Murner voraussetzen, der in Paris studirt und in Krakau geglänzt hatte, während Wimpfeling nur auf deutschen Universitäten gewesen war.

Ob noch andere, politische Gründe Murners Stellung zu der von Wimpfeling aufgeworfenen Frage bestimmten? Wir erinnern uns, dass Kaiser Maximilian überall und immer wieder französischen Umtrieben zu begegnen hatte, die nach seinem Tode sogar zur Bewerbung des Königs Franz um die deutsche Kaiserkrone führten. In jenem Briefe Wimpfelings an Brant wird den Bettelmönchen vorgeworfen, dass sie den Kaiser Max fortwährend herabsetzten. Offenbar versuchte man nach der für den Kaiser unglücklichen Schlacht von Dornach und dem Baseler Frieden 1499 auch Strassburg unter französischem Schutze dem Reiche zu entfremden.

Sprach Murner im Namen dieser Partei? Ihre Gesandten meint auf jeden Fall Wimpfeling, wenn er von *semigalli* spricht.

Doch liegt noch ein anderer Beweggrund näher. Die bestehenden Schulen, welche Wimpfeling ungenügend fand, waren hauptsächlich die Klosterschulen; und das ihnen gelegentlich gespendete Lob konnte seine Absicht, neben ihnen eine neue Lehranstalt zu errichten, nicht vergüten. Machte man nun Wimpfeling lächerlich, so war auch sein Plan beseitigt. Wimpfeling beschwerte sich ausdrücklich, dass Murner überall gegen die von ihm vorgeschlagene Schule schnöde Reden führte [38].

Davon schweigt freilich die Gegenschrift Murners, welche im August 1502 [39] unter dem Titel *Germania Nova* erschien. Sie bekämpft nur die von Wimpfeling in seinem 1. Buch verteidigte Ansicht, dass die Gallier oder Franzosen nie das Kaisertum besessen und niemals über Strassburg und das Elsass geherrscht hätten. Seine Gegenansicht trägt Murner in sehr gewundener, schwer verständlicher, ja sogar sich widersprechender Darstellung vor, welche er aber zu rechter Zeit durch einen mehr oder minder gelungenen Witz zu unterbrechen weiss. Vortrefflich benutzt er die Schwächen Wimpfelings und stellt seine scheinbarsten Gründe zu Anfang und am Schluss, während er in der Mitte der Abhandlung über die Hauptbeweise Wimpfelings rasch hinweg geht.

Dass Cäsar Gallien bis zum Rhein rechnet, dass

auch die von Wimpfeling angeführte *historia* des Sueton dieselbe Auffassung zeigt, bemerkt er mit Recht. Glücklich widerlegt er hierauf den für das Deutschtum Pipins aus einem elsässischen Sprichwort entnommenen Beweis Wimpfelings: auf dieselbe Art könne man ja Salomo oder König Artus zu Deutschen machen, weil die Weisheit des einen, die Pracht des andern sprichwörtlich wären.

Bei Karl dem Grossen aber muss Murner mit allerlei Ausflüchten durchzukommen suchen. Dass er seinen Kindern deutsche Namen gegeben, sei dem deutschen Adel zu Liebe geschehen. Den Wohlthaten, die er Deutschland erwiesen, stünden andere, grössere Stiftungen in Italien und Frankreich gegenüber: z. B. die von ihm begründete Universität zu Paris. Wenn Karl sich auf deutschem Boden habe begraben lassen, so habe er nur gezeigt, dass es einem Weisen gleichgiltig ist, wo sein Leichnam ruht. Und wenn Karl auch deutsch gesprochen, so mache ihn das so wenig zum Deutschen, als Kaiser Max deshalb ein Franzose sei, weil er vortrefflich französisch spreche. — Die Strassburger sollten doch an die Wohlthaten denken, welche sie dem unzweifelhaft französischen Chlodwig verdankten: habe er doch den Münsterturm zu so herrlicher Höhe empor führen lassen.

Die sieben Zeugen Wimpfelings vollends fertigt Murner einfach mit dem Sprichwort ab: wer von sieben sagt, der lügt gern (wir sagen: wer viel spricht, lügt viel[40]). Ebenso macht er die Erörterungen Wimpfelings über die Lilien auf den Münzen, über das Wappen Strassburgs lächerlich: die Lilien deute nun einmal der Volksmund auf Frankreich, und von einem Blutstrom zu reden, der die Strassen der Stadt durchflossen habe, sei dichterische Lüge. Perfid deutet er zum Schluss seiner an die Ratsherren gerichteten Schrift an, Wimpfeling habe ihre Gesandten an den französischen Hof als *semigalli*, als Verräter bezeichnet.

Aber natürlich spricht Murner — wie er in der angehängten Angabe der 5 Beweggründe seiner Schrift hervorhebt — einzig und allein aus christlicher Wahrheitsliebe. Er wolle nur, dass die Strassburger nicht etwa, um dem erdichteten Anspruch der Franzosen zu entgehen, als Lügner dem Scepter des Teufels anheim fallen sollten. Niemals sei ihm in den Sinn gekommen, die seit Karl dem Grossen freie Stadt Strassburg den Franzosen zu überliefern; nachdem sie durch Gottes Fügung und unter päpstlicher Bestätigung dem Deutschen Reich zugefallen, wäre es Sünde, wenn die Franzosen etwa ihre alten Ansprüche wieder geltend machen wollten.

Blicken wir zurück auf Murners Beweisführung, welche Irrtümer! Zwar die Herleitung der Pariser Universität aus der von Alcuin geleiteten Hofschule Karls des Grossen findet sich auch bei Wimpfeling. Aber Karl der Grosse, Urheber der Reichsfreiheit Strassburgs! Und Chlodwig, der Erbauer des Münsterturms, der doch 1439, also kaum mehr als 60 Jahre vor Murner's Schrift fertig geworden war!

Dass die Vergleichung Karls des Grossen mit Kaiser Max vielmehr gegen ihn spreche, scheint Murner gar nicht einmal zu merken.

Und dieser profunde Historicus wirft so kurzweg alle Hauptgründe und Zeugnisse Wimpfelings bei Seite; er heftet ihm ein Sprichwort an, das zugleich Hohn und schweren Vorwurf in sich schloss.

Doch noch bitterer war die Beleidigung durch die vorhergegangenen persönlichen Beziehungen, über die uns ein paar zwischen ihnen gewechselte Briefe Auskunft geben[41].

Murner war in der Fastenzeit 1502 zu Wimpfeling gekommen, welcher von seiner beabsichtigten Gegenschrift erfahren und den Versuch gemacht zu haben scheint, in Frieden sich mit ihm auseinander zu setzen. Am 26. Februar übersandte ihm Murner sein Concept, zu dessen Abfassung er sich nun bekannte, und zu dessen Vernichtung er Wimpfeling ermächtigte. Ein freundliches Verhältniss scheint eingetreten zu sein: Murner war Wimpfelings Gast und entlehnte sich, sogar in dessen Abwesenheit, Bücher von ihm. Da gab offenbar eine fremde Angelegenheit neuen Anstoss. Murner schrieb an Geiler, von dem sein juristisches Kartenspiel auf der Kanzel verspottet worden sei. Wimpfeling antwortete für Geiler am 26. Juli freundlich, aber doch zurechtweisend. Am 30. August aber, als er Murners Germania Nova, und zwar schon vor einiger Zeit, erhalten hatte, schrieb er an Murner, in äusserster Entrüstung über dessen Undankbarkeit und Falschheit. Auf seine Drohungen antwortet Murner mit Hohn. Er giebt zu, dass er seine Gegenschrift, noch dazu abgeändert, hat drucken lassen: aber die von Wimpfeling angekündigten Schritte erwartet er mit dem Entschluss zu kämpfen, bis einer von ihnen beiden auf dem Platze bleibe. »Was Du thun willst, thue bald«, so ruft er dem Gegner mit den Worten zu, die Jesus an Judas gerichtet hatte.

Wimpfeling musste auf diese Herausforderung antworten. Aber er sah wohl ein, dass er dem jüngeren Murner gegenüber nicht in dessen Ton verfallen durfte. Er für seine Person begnügte sich damit, noch einmal auf die Sache selbst einzugehen und neue, sehr gewichtige Beweisgründe für seine Ansicht beizubringen. Er that dies in einer kurzen *Declaratio*, als deren Zweck er die Besänftigung seines Widersachers angiebt.

Er verstärkt die Reihe seiner Zeugen, indem er neben Tacitus auch Plinius und andere Gewährsmänner für die germanische Nationalität der in römischer Zeit im Elsass angesessenen Völker aufführt. Er weist darauf hin, dass die römische Curie, »die beste Bewahrerin aller Ueberlieferung«, ihre Gesandten für Deutschland auch nach dem Elsass schicke. Und nun erinnert er auch daran, dass die elsässischen Ortsnamen deutschen, nicht französischen Klang haben, sich aus dem Deutschen leicht, nicht aus dem Französischen erklären lassen. Er fragt nach den Resten der französischen Sprache, die man wenigstens in Urkunden finden müsste, wenn die

Franzosen je hier geherrscht hätten: deutsche oder lateinische Urkunden gebe es ja bis zu tausend Jahren zurück[42]. Auch der Charakter der Elsässer, ihre Tapferkeit und Treue sei durchaus deutsch.

Mit diesen Gründen geht Wimpfeling von dem historischen Anrecht Deutschlands auf das Elsass zu dem natürlichen über, welches auf der Gemeinsamkeit der Sprache, der ganzen Nationalität beruht. Und beides fasst er in seiner *Declaratio* mit vollem Ernst, mit ganzer Kraft zusammen.

Noch waren die Angriffe Murners nicht abgewiesen: dazu rief Wimpfeling, indem er allerdings den Briefwechsel mit Murner und ein paar Stachelverse zur Verfügung stellte, seine Schüler und Freunde auf und sie entsprachen seiner Aufforderung mit grossem Eifer. Vor Allem thätig war der reiche, liebenswürdige, aber etwas weichliche und heftige Canonicus Thomas Wolf der jüngere. Seiner Verehrung für Wimpfeling hat er bleibenden Ausdruck gegeben, indem er ihm schon bei Lebzeiten, 1504, eine noch jetzt vorhandene Gedenktafel in der Sankt Wilhelmskirche hat einsetzen lassen[43].

Es sind zwei kleine Schriften, die aufeinander keinen Bezug nehmen und sogar einen und denselben Brief von Thomas Wolf enthalten. Die eine bezeichnet sich als in Freiburg gedruckt, am Schlusse steht ein Brief aus Speier vom 23. August. Sie ist betitelt *Defensio Germaniæ Jacobi Wimpfelingii*. Auf dem Titelblatt ist in Holzschnitt Wimpfeling abgebildet, von sieben Helfern umgeben: ihnen gegenüber steht Murner, in hochmütiger Haltung und mit den Worten »Ich allein« (*Præter me nemo*[44]).

Von dem sachlichen Inhalte dieser Schutzschrift darf hier abgesehen werden. Allerdings zeigt sie, dass Murner vielfach nur durch die gebrauchten Worte von Wimpfeling abweiche, dass dessen Hauptgründe von Murner gar nicht berührt werden. Etwas Neues von Bedeutung bringt sie jedoch nicht vor und bestätigt nur, dass Wimpfelings Untersuchungen durchaus ihm selbst zum Verdienste angerechnet werden müssen.

Um so mehr beschäftigt sich die *Defensio* mit den Ausfällen Murners gegen Wimpfeling. Bei Gelegenheit des Strassburger Wappens hatte dieser bemerkt, dass der rote Streifen das weisse Feld »diametral« durchschneide; und Murner hatte ihn belehrt, von einem Diameter dürfe nur bei einem Kreise gesprochen werden. Murners Vorwurf, Wimpfeling habe hier »seine mathematischen Schulkenntnisse vergessen«, war von dem alten Pädagogen besonders bitter empfunden worden. Jetzt rächen ihn seine Schüler, indem sie die argen Schnitzer in Murners Latein anstreichen. Das eine Futurum *parcebunt*, sagt der Hauptredner, hätte ihm fast die Lust verleidet, mit einem so unwissenden Menschen sich einzulassen.

Das ist nun etwas pedantisch; ebenso kleinlich ist die Zurückweisung von Murners Spott über die Siebenzahl, deren Heiligkeit und Ueblichkeit mit

Bibelstellen und Sprichwörtern z. T. derben Inhaltes belegt wird.

Wichtig ist dagegen die Antwort auf Murners Unterstellung, als habe Wimpfeling die Gesandten der Stadt Strassburg als *semigalli*, als Vaterlandsverräter bezeichnen wollen : daran habe Wimpfeling nie gedacht; von wem aber und wozu gewisse andere Gesandte nach Frankreich geschickt worden seien, davon wolle man allerdings hier lieber nicht genauer reden.

Nur als Ausdruck der Entrüstung können uns die Schmähreden interessieren, welche Wimpfelings Schüler über Murner ausgiessen. Es ist ganz im Geschmack der Zeit, wenn sie ihn einen *asinus plumbeus*, einen *diabolus cucullatus* nennen und wenn sie wortspielend von einem *baccalaureus Cacoviensis* und einem *jurisconstultus* reden, dessen Gelehrsamkeit der Kaiser doch ja nicht unbenutzt lassen sollte.

An solchen übermütigen Scherzen ist die zweite Schutzschrift für Wimpfeling besonders reich, die mit den *versiculi Theodorici Gresemundi* beginnt, welche dieser am 9. November aus Speier einsandte. Am Schlusse ist als Drucker Johannes Strosack angegeben, offenbar ein fingirter Name. In Prosa und in Versen wird Murner auf das Uebelste zugerichtet; am witzigsten in einem makaronischen, aus Latein und Italienisch spasshaft gemischten Gedicht, welches Murner als den besten Bereiter solcher makaronischen Gerichte, im Kampfe mit der Grammatik und mit dem einfachen Menschenverstand darstellt : sonst könnte er ja nicht die *Todeschos* für *Franzosos* auszugeben suchen.

Aber wenn Wimpfeling und seine Freunde geglaubt haben, Murner zu beschämen oder doch zu schrecken, so täuschten sie sich. Er antwortete seinerseits mit einer etwas umfänglicheren lateinischen Gegenschrift, der er den Titel gab: »Würdiges Lob der ehrenwerten Gedichte, der schamlosen verwunderliche Züchtigung.«

Von Lob ist wenig die Rede, das Ganze kommt auf die Bekämpfung der Gegner hinaus. Und wiederum wird die eigentliche Streitfrage kaum berührt und nur ein paar allgemeine Einwendungen gegen Wimpfelings neue Gründe vorgebracht. Wimpfeling hatte von dem blonden Haar gesprochen, das die Alten den Germanen beilegen. Das findet Murner lächerlich: unterscheide man die Nationen nach der Haarfarbe, so müssten oft die Söhne desselben Vaters verschiedenen Reichen angehören. Ebensowenig bedeute die Sprache: denn sonst zerfiele Böhmen, in welchem ausser den eigentlichen Böhmen noch Wenden, Polen und Deutsche lebten, in vier Staaten.

Im Uebrigen bringt Murner, abgesehen von weitläufigen Erörterungen über die Bestrafung von Schmähgedichten bei den Alten, die Vorwürfe der Gegner der Reihe nach zur Sprache. Alle diese Gegner fasst er unter einem einzigen *N.* zusammen und macht auf diese Weise Wimpfeling verantwortlich für alle Schmähungen, Witze und Pedanterien seiner Schüler, von denen doch ein jeder sich selbst genannt hatte. Aber Murner erklärt, er habe Namen zu nennen vermieden, um die Ehre des Klerus zu schonen. Er redet diesen *N.* als *carissime frater* an, behandelt ihn aber als schwatzhaften, kraftlosen und doch scandalsüchtigen Greis. Er nennt ihn einen vorgeblichen Theologen, der über den philologischen Kleinkram (*grammatellica*) nicht hinausgekommen ist. Wimpfelings und seiner Freunde Schutzschriften bezeichnet er durchweg als Schmähschriften; er selbst ist der völlig ohne eigene Schuld Beleidigte. Die spasshaft fingirten Angaben über den Druckort behandelt er als Fälschungen, und wenn Wimpfeling seine eigenen Briefe anders als er sie geschrieben, habe abdrucken lassen, so sei diese betrügerische Abänderung ein Vergehen, dem gegenüber man doch nicht Murners kleine grammatische oder metrische Versehen weitläufig zu erörtern nötig habe. Seinerseits lässt er einen seiner Schüler, einen Baron von Mörsberg und Befort, Wimpfelings Grammatik durchmustern und sich von eben diesem Baron ein überaus elendes Schmähgedicht beisteuern. Zu all diesen Bosheiten passt nun vortrefflich die durchgängige Berufung auf den hl. Augustin. Am Schlusse stellt er seinem Gegner vier Arten des Austrages frei: bürgerlichen Prozess, Disputation, weiteren Schriftwechsel ohne Schmähung und Lüge, Entscheidung durch die Universität Freiburg. Wolle Wimpfeling ihm anständig schreiben, so biete er ihm seine Freundschaft an. Endlich veröffentlicht er einen notariellen

Akt, dass er schweigen wolle, vorausgesetzt, dass man ihn weiter nicht reize.

Grosses Geschick wird man dieser Streitschrift nicht absprechen, und sie könnte wohl manchen heutigen Leser blenden. In ihrer Zeit aber hat sie nicht verhindert, dass Murners Anteil an dem Streite über die Germania im übelsten Andenken blieb.

Seine *Germania Nova* war gleich beim Erscheinen am 21. August 1502 durch den Rat verboten worden, als von 600 Exemplaren erst etwa 6 verkauft worden waren. 1503 ward dies Verbot wiederholt, auf die Mahnung des Kaisers hin, die er gegen einen Strassburger Gesandten ausgesprochen hatte[45]. Doch hat Kaiser Max im Jahre 1506 keinen Anstand genommen, Murner für die Uebersetzung der Aeneis mit dem Dichterlorbeer zu krönen.

Auf diese mehrmaligen Verbote führt man die Seltenheit der *Nova Germania* Murners zurück; vielleicht nicht mit Recht. Dass es einer Wiederholung bedurfte, lässt annehmen, auch nach dem ersten Verbot seien Exemplare verbreitet worden. Und nur so wird die Heftigkeit der Bekämpfung durch Wimpfeling und die Seinigen begreiflich.

Wimpfeling wiederholte den Inhalt seiner *Declaratio* wesentlich in der Vorrede zu seiner *Epitome* und fügte noch ein weiteres Beispiel für die Wohlthaten bei, welche deutsche Kaiser dem Elsass erwiesen hatten: die Stiftung des Klosters St. Fides in Schlettstadt durch die Hohenstaufen. Er hatte die Freude, seine Ansicht über die Nationalität der Elsässer durch Conrad Peutinger in Augsburg bestätigt zu sehen, dessen »Tischgespräche« (*Sermones convivales,* Strassburg 1506) aus den alten und mittelalterlichen Historikern und Geographen reiche Belege beibrachten. Dass die Lilie auf den Münzen ausserhalb Frankreichs vorkomme, zeigte Peutinger an dem Beispiel von Florenz[46].

Aber wenn Murner gegen das von Wimpfeling geplante Gymnasium hat ankämpfen wollen, so hat er diesen Zweck erreicht. Der Strassburger Stadtrat hat auch die bescheidenen Forderungen Wimpfelings nicht erfüllt. Nur einen geringen Ersatz boten die von Wimpfeling allerdings unterstützte Privatschule des Philesius Ringmann 1505 und die unter Leitung von Hieronymus Gebweiler neugestaltete Münsterschule vom Jahre 1509 ab[47].

Erst Wimpfelings Schüler, der Stettmeister Jacob Sturm hat 1538 durch den Philologen Johannes Sturm das Gymnasium begründen lassen, aus welchem später die Universität hervorgehen sollte[48]. Und wenn im kommenden Herbst die Kaiser-Wilhelms-Universität ihre neuen, schönen Räume bezieht, wenn in vier Jahren das 350jährige Bestehen des Gymnasiums gefeiert wird, so wird man wohl auch dessen gedenken, der zuerst den Plan einer freieren, höheren Schule in Strassburg aufgestellt hat.

Doch auch den ersten Teil seiner Germania von neuem in Erinnerung zu bringen, wird derjenige noch immer nicht für überflüssig halten, der es weiss, mit welchem Eifer und Erfolg Murners Ansichten darüber verbreitet worden sind. Wahrhaft erstaunlich ist das Gewicht, das man diesen und ähnlichen Gründen im 17. Jahrhundert beilegte, als die Franzosen das Elsass nahmen[49]. Und heute? Wie erzählt wird, standen, als der neue Bahnhof hier eröffnet wurde, die Landleute vor den beiden schönen Bildern in der Empfangshalle. Kaiser Wilhelm kannten sie wohl. Aber mit Kaiser Friedrich dem Hohenstaufen wussten sie nichts anzufangen. Da hiess es denn, dem deutschen Kaiser sei — der französische gegenüber gestellt worden, und unter diesem verstanden die Leute Karl den Grossen!

So wird es wohl auch jetzt noch an der Zeit sein, wieder einmal für Wimpfeling einzutreten und mit ihm zu vertrauen: *Vincet veritas.*

Strassburg, im Juni 1884.

Ernst Martin.

GERMANIA

VON

JACOB WIMPFELING

Den Grossmächtigen, Edeln,
Meister und Rat
der löblichen Stadt Strassburg
wünscht Jacobus Wimpfeling von Schletstatt
Heil und des gemeinen Nutzens
Mehrung.

Viele meinen, ihr hochberühmten Ratsherren, dass eure Stadt Strassburg und die andren Städte auf dieser Seite des Rheins gegen Sonnenuntergang einstmals in den Händen der Könige von Frankreich gewesen seien. Hierdurch werden zu Zeiten die genannten Könige ermutigt diese Länder zurückzufordern, welche doch stets von den Zeiten des Kaisers Julius Octavianus an bis auf diesen Tag dem römischen und nicht dem französischen Reiche angehört und fest angehangen haben. So hat der Dauphin Ludwig, der erstgeborene Sohn Karls VII. von Frankreich, als er Helvetien, das man auch Elsass nennt, im Jahre Christi 1444 überfiel, unter anderen Ursachen seines Zugs auch diese angegeben, dass er die Rechte des Hauses von Frankreich warzunehmen habe, die sich nach seiner Aussage bis an den Rhein erstreckten; und aus dieser Ursache hat er eure Stadt Strassburg belagern wollen.

Dieser Irrtum erwuchs aus allzu geringer Kenntnis der alten Historien oder geschriebenen Geschichten; und es wird der Wahn der Franzosen dadurch befestigt, dass auch wir selbst fälschlich glauben, solches sei wahr, und dass viele von den Unsern mehr dem französischen als dem römischen oder deutschen Reiche geneigt sind. Denn von uns aus schickt man zu Zeiten an die französischen Könige Gesandte, die Halbfranzosen sind; und wenn diese nun von den Franzosen freundlich empfangen werden, so pflegen sie ihnen beizupflichten und sich ihnen günstig zu erweisen, in der Hoffnung, wenn die Könige von Frankreich unsere Lande gewinnen, dass sie dann unter ihrer Herrschaft Ehre oder Würden erlangen möchten, welche sie, so lange die römischen Adler hier herrschen, nicht erreichen zu können überzeugt sind.

Aber ich verhoffe, eurer Stadt und dem gemeinen Nutzen zu Liebe, will's Gott, wohl im Stande zu sein zu zeigen, erstens mit überzeugenden Schlüssen, sodann mit glaubwürdigen Zeugnissen, zuletzt mit den bewährtesten Geschichtsschreibern, dass eure Stadt und die andren Städte am Rhein niemals den Franzosen unterworfen gewesen sind.

So mögt ihr denn, freundliche und weise Herren, Meister und Rat, diese meine geringe Arbeit mit geneigtem Gemüte aufnehmen und mich euch empfohlen sein lassen.

Gegeben aus dem Kloster des Heiligen Wilhelm in eurer Vorstadt, am 14. Oktober 1501.

Das I. Buch.

Niemals sind Franzosen römische Könige gewesen.

Kund sei allen Deutschen, dass von der Zeit des ersten Kaisers Julius an bis auf unsern allerdurchlauchtigsten König Maximilian niemals ein Franzose das römische Reich beherrscht hat. Liest man das Namenbuch der römischen Könige, so findet man in demselben entweder Lateiner oder Griechen oder Deutsche, aber nicht einen einzigen Franzosen, es sei denn dass dieser von Ursprung, Geburt und väterlichem Blut ein Deutscher war.

Heimatländer der römischen Könige.

Es haben nämlich die römischen Kaiser ihren Ursprung gehabt aus Italien, aus Thracien, aus Arabien, aus Ungarn, aus Illyrien, bis auf Karl den Grossen, der ein Deutscher gewesen ist; und von diesem an bis auf unsere Zeit stammten die Könige aus den edelsten deutschen Geschlechtern, von Sachsen, Baiern, Oesterreich, Schwaben, Habsburg, Luxemburg, Nassau; und finde ich (auch wenn ich vom Könige Chlodwig anfange) nicht Einen Franzosen, der jemals römischer König gewesen ist, ausser denen allein, welche, als Deutsche geboren, gewisse untüchtige französische Könige vertrieben und entsetzt haben und welche von dem mächtigen Adel des französischen Landes, mit päpstlicher Genehmigung, auf ihren Königsthron herrlich erhoben worden sind.

Zwischen Frankreich und dem Rhein liegen deutsche Lande.

Julius Cäsar hat, nachdem er die Gallier besiegt, die Länder mit Namen unterschieden und Gallien das Land von Westen bis an den Rhein genannt; denn er wollte die Länder nach schiffbaren Flüssen abgrenzen; und er hat nicht bedacht, dass zwischen dem rechten Frankreich und dem Rhein Austrasien liegt und das Wasgaugebirg, wodurch der am Rhein gelegene Teil Deutschlands von Frankreich doch hätte abgegrenzt werden können.

Erste Schlussfolgerung.

Aus Austrasien (oder Hohenstrass) stammte Pippin, der Vater Karls des Grossen, wie Blondus[50] und Robert Gaguin bestimmt angeben. Dass aber Pippin kein Franzose war, schliesse ich daraus, dass, wie ich von Jugend auf mich erinnere, sein Name in Jedermanns Mund, auch dem der Kinder gewesen ist und noch ist. Denn es war beinahe ein alltägliches Sprichwort, wenn man mit einander zankte, dass man sagte: das und das wirst du nicht fertig bringen, und wärst du so klug wie König Pipis. Nun kann ich nicht glauben, dass man bei uns so oft und allgemein den Namen eines Franzosen und nicht den eines Deutschen angeführt haben sollte.

Zweite Schlussfolgerung.

Karl der Grosse aber, der Sohn Pippins, ob er nun in dem Schloss zu Ingelnheim oder in einem Dorf bei Jülich oder bei Lüttich geboren ist, war in jedem Falle ein Deutscher; denn er hat Bücher in deutscher Sprache verfasst und hat den zwölf Monaten und den Winden deutsche Namen gegeben, wovon ich selbst uralte und durchaus klare Urkunden gesehen habe. Er hat auch seinen Söhnen und Töchtern nicht welsche, sondern deutsche Namen gegeben, wie Himeltrut, Hildegard, Adelheid. Wenn nun diese Namen bei uns etwas bedeuten und bei andern Völkern für unverständlich oder ausländisch gelten, so folgt dass sie nicht von welschen Eltern, sondern von deutschen erfunden und den Kindern beigelegt worden sind.

Dritte Schlussfolgerung.

Karl der Grosse hat in deutschen Landen jenseits des Rheins nicht nur häufig sich aufgehalten, sondern dort auch Klöster und Kirchen gestiftet, Städte und Burgen gebaut: und Niemand glaubt, auch wäre es nicht sehr wahrscheinlich, dass dies ein Franzose gethan haben würde. Denn Karl der Grosse hat Kirchen im Rheingau und zu Frankfurt gestiftet und errichtet; zu Seligenstatt liegt eine seiner Töchter begraben; in Frankenland hat er eine Burg gebaut, die nach ihm Karlsburg, und eine Stadt, die heute noch Karlstadt heisst. Es haben auch Karl der

Grosse und seine Kinder vielen Klöstern in Schwaben und Franken Wohlthaten erwiesen, als Deutsche: denn Franzosen hätten ihr Hab' und Gut nach Deutschland über den Rhein, das ihnen ferne lag, nicht ausgeteilt. Und zuletzt hat der grosse Karl sich ein herrliches Begräbnis in deutschen Landen bestimmt.

Vierte Schlussfolgerung.

Es ist nicht wahrscheinlich, dass die Franzosen jenseits des Rheins in deutschen Landen jemals Städte oder Burgen gebaut, Herrschaft und Gewalt gehabt haben. Denn die Schwaben, Baiern und Franken, die doch standhafte Leute sind, hätten sich niemals gefallen lassen, dass man von Frankreich über den Rhein zu ihnen gekommen wäre und über sie geherrscht hätte, da doch weder Julius Cäsar noch Augustus sie hatten bezwingen können. Vielmehr haben die überrheinischen Franken, die gegen Sonnenaufgang im Bistum Bamberg wohnen, in Frankreich regiert. Denn nachdem ein König von Frankreich zur Herrschaft untüchtig erfunden und vom Papste abgesetzt worden war, ward Pippin, der Vater Karls des Grossen, der damals Verweser und Hausmeier der Könige von Frankreich war, an seine Stelle gesetzt; wie dies in dem Decret 15 q. 5 Cap. geschrieben steht und in anderen Historien vielfach bezeugt wird. Damit ist der Spruch des Weisen bewährt worden, Eccl. 10: Einem verständigen Knechte werden die Freien dienen. Und so haben die Deutschen angefangen über die Franzosen zu herrschen, und nicht die Franzosen über die Deutschen, die Deutschen nämlich, die im eigentlichen Sinne Franken zu nennen sind. Denn Deutschland ist einmal Francia genannt worden, wie der heilige Hieronymus im Leben des Hilarion schreibt, worauf Lupold und Aeneas sich berufen. Darum sollten die Wälschen nicht Franken, sondern mit mehr Recht von Franken Abstammende (*Francigenæ*) genannt werden. Dass aber die Namen der Lande oft sich zu verändern pflegen, bezeugt Aulus Gellius im XIII. Buch, Cap. VI, und ebenso Blondus.

Der erste Zeuge.

Innocenz III., im Capitel *Venerabilem*, sagt dass das römische Reich von den Griechen auf die Deutschen übertragen worden sei in der Person Karls des Grossen. Dadurch wird klärlich ausgesagt, dass er ein Deutscher war. Denn ist das Reich auf die Deutschen übertragen und in der Person des grossen Karl, so muss Karl ein Deutscher gewesen sein.

Der zweite Zeuge.

Der Kaiser sagt, dass die Agrippiner, das sind die Kölner, in Niederdeutschland italisches Recht besitzen, wie dies in den Rechtsbüchern im 1. Buch, *de censibus*, zu finden ist.

Der dritte Zeuge.

Ammianus Marcellinus schreibt, dass die Stadt der Agrippiner, Köln, eine namhafte Stadt sei in Deutschland : eben dasselbe sagt er auch von Trier, welches er einen herrlichen Wohnsitz der Herrscher nennt. Weiter sagt er : und im oberen Deutschland (der *Germania prima*) sind, ausser anderen Städten, auch Mainz, Worms, Speier und Strassburg.

Der vierte Zeuge.

Pabst Urban II. hat in seiner Rede auf dem Concil zu Clermont erwähnt, dass Karl der Grosse ein Deutscher war.

Der fünfte Zeuge.

Aeneas Sylvius in seiner Europa sagt, obschon Karl das Reich der Franzosen besessen habe, sei er doch ein Deutscher gewesen, in Deutschland geboren und erzogen, und sein Wohnsitz sei meistens Aachen gewesen, was doch eine deutsche Stadt ist.

Der sechste Zeuge.

Marcus Antonius Sabellicus in der Geschichte Venedigs stimmt auch derselben Ansicht bei.

Der siebente Zeuge.

Cornelius Tacitus in seiner Schrift über die Lage Germaniens, setzt unter die Deutschen die Tribotes, das sind die Strassburger, die Nemetes, das sind die Speirer, die Vangiones, das sind die Wormser, die

Ubier, das sind diejenigen, welche jetzt Kölner genannt werden.

Und doch ist dieser Cornelius ein Schriftsteller aus alter Zeit, da er unter Vespasian von der Lage Germaniens geschrieben hat. Auch Franz Petrarcha sagt, das ganze Rheintal sei der edelste Teil Deutschlands.

Die Historie des Suetonius im Leben des Augustus.

Nachdem Augustus, teils selbst, teils durch seine Heerführer Cantabrien, Aquitanien, Pannonien, Dalmatien und ganz Illyrien bezwungen, brachte er ebenso Rhetien, Vindelicien und die Alpenvölker der Salasser zur Unterwerfung; wehrte den Einfällen der Dacier, denen drei Fürsten und eine grosse Menge Volks erschlagen wurden, und trieb die Deutschen über den Elbfluss zurück: dann führte er von diesen die Sueven und Sicambrer, die sich ergaben, nach Gallien (wie Julius Cæsar das Land genannt hatte) und siedelte sie in der zunächst am Rhein gelegenen Landschaft an. So erzählt Suetonius, den die Italiener hochhalten, den die Franzosen nicht verwerfen können, den alle Völker als wahrhaft anerkennen.

Also wenigstens von den Zeiten des Augustus Octavianus an waren auf diesem unserem Ufer des Rheins, auf welchem eure Stadt liegt, Deutsche und nicht Franzosen; und deshalb soll auch dies Land

Deutschland heissen, wegen seiner deutschen Einwohner, und nicht Frankreich.

Als daher die Römer zum ersten Mal nach Besiegung der Deutschen, die diesem unserem Uferlande am nächsten wohnen, den Rhein überschritten, und sahen wie den auf unserer Seite wohnenden die überrheinischen Leute an wildem Mute, schlanken Leibern, blonder Haarfarbe, Gestalt, Sitte und Lebensweise durchaus ähnlich waren, da sahen sie sie an und bezeichneten sie als Germani, das heisst unsere Brüder. Dagegen steht es fest, dass die Deutschen den echten Franzosen weder an Farbe des Haars noch an Angesicht noch an Sprache noch an Sinnesart noch an Sitte gleich sind, wie ja auch die Deutschen gewohnt sind durch ihre Körperkraft, die Franzosen aber durch ihre grosse Anzahl den Sieg zu gewinnen, wie Vegetius sagt. Daher hat mit vollem Recht diese neue Stadt und das ganze Elsass (welches, wie Aeneas in seiner Europa schreibt, eigentlich Helvetien heisst) die Freiheit des römischen Reichs angenommen und beschirmt auch sich selbst; daher weigert sie sich in die verdächtige Dienstbarkeit der Franzosen einzutreten, in welche etliche halbfranzösische Abgesandte (um nicht zu sagen, Verräter ihres Vaterlandes), die zu Zeiten den Ungehorsam gegen die römische Krone nähren, euch gerne stürzen möchten, so wie einst Peter von Hagenbach diese Lande in die Gewalt des Herzogs Karl von Burgund zu bringen beabsichtigte und unternahm.

Widerlegung des von der Lilie auf den Münzen hergenommenen Gegengrundes.

Mich will nun bedünken, dass etliche Feinde eurer Stadt oder Verräter des Vaterlandes bereit sind uns entgegen zu schreien, dass die Lilie, welche auf eurer Münze geprägt wird, ein Beweis der alten Unterwerfung unter die Gewalt der Franzosen sei. Dem antworte ich so: was du von der Lilie mir vorhältst, ist ein Gerede unter dem Volk und freilich unter dem Pöbel, der so oft irrt, bekannt genug. Zeige mir aber eine Historie, zeige mir einen glaubwürdigen, wahrhaften Zeugen dafür, dass die Lilie aus diesem Grunde auf der Münze unserer Stadt steht, weil sie eine alte Herrschaft der Franzosen bekunde: wie ich dir mit den bewährtesten Zeugen und mit Geschichtschreibern, die unwiderleglich sind, nachgewiesen habe, dass unsere Stadt Strassburg zu keiner Zeit den Franzosen unterworfen gewesen ist.

Der König von Frankreich hat drei Lilien, unsere Stadt nur eine; der König von Frankreich führt seine Lilien auf Banner und Schild, unsere Stadt die ihrige auf den Pfenningen. Denn sie hat ein ganz andres Streitbanner, nämlich einen roten Streifen, der ein weisses Feld durchschneidet, und (wie ich von einem Veteranen gehört habe) auf den grossen Blutstrom hin deutet, welcher einst, als viele Menschen für den Glauben oder für das römische Reich fielen, durch die Strassen dieser Stadt wie ein Bach oder Fluss hindurch lief.

Und wenn je (wie du behauptest) ein König von Frankreich zum Gedächtnis seiner ehemaligen Herrschaft dieser Stadt die Lilie hinterlassen haben sollte, warum hätte er sie nicht vielmehr auf den Fahnen selbst führen, als auf der Münze prägen lassen? Es ist auch dies Münzzeichen nicht so alt, dass es bis auf die Zeiten zurückginge, in welchen deiner Meinung nach die französischen Könige über diese Stadt geherrscht haben. Denn diese hat schon früher andere Gepräge gebraucht, Engel nämlich und Adlerflügel, von denen heutzutage noch viele bei den Liebhabern alter Münzen vorhanden sind. Wie meinst du? hat der römische Kaiser, welcher der Stadt das Münzrecht nun vor langer Zeit verliehn hat, nicht auch ihr erlauben können nach ihrem Gefallen das Gepräge zu wählen? So haben ja die römischen Kaiser vielen Fürsten in Deutschland sei es nun eine oder mehrere Lilien zum Abzeichen und zum Schildwappen verliehen.

Doch, wie es auch damit stehe, mir genügt es gezeigt zu haben (wie ich hoffe), dass diese Lande von den Zeiten des Kaisers Augustus an Deutsche und nicht Franzosen bewohnt haben und dass Karl der Grosse selbst, der unüberwindlichste Kaiser, nicht ein Franzose, sondern ein Deutscher war, obschon er, wie bemerkt, über die Franzosen geherrscht hat; er, auf dessen Herrlichkeit und ruhmvolle Thaten wir Deutschen mit Recht stolz sein dürfen. Denn wie der echte Stamm Karls des Grossen seinen Ursprung in Deutschland gehabt, so ist er auch in Deutschland geblieben bis auf diesen Tag in den drei durchlauchtigsten Fürstengeschlechtern Bayerns, Sachsens und Oesterreichs. Dagegen bei den Franzosen hat mit dem Absterben König Ludwigs, der der Sohn des Königs Lothar war, das Geschlecht Karls des Grossen nun schon lange aufgehört und ist Frankreich an einen Herzog mit Namen Hugo Capucius oder Tschappler gekommen, von dem das gemeine Volk sagt, er sei eines Metzgers Sohn gewesen.

Das II. Buch.

Von der Eintracht.

Da ihr nun, ihr weisen Herren Meister und Räte, mit dem heiligsten Recht (um von unsrem langen Besitze zu schweigen) das Joch der französischen Dienstbarkeit abweisen könnt, so habe ich die Zuversicht, dass eure Stadt auch die Angriffe und Feindseligkeiten aller andern, wer sie auch sein mögen, glücklich zu bestehn vermöge, um so mehr, als ich überzeugt bin, dass sie von euch ebenso gerecht als klug geleitet wird. Ich glaube zuversichtlich, dass unter den Ratsfreunden, unter den Adlichen, unter den fünfzehn Bauherren und unter den dreizehn Kriegsherren, sowie unter den andern Meistern und Schöffen des Volks und der Gemeinde die Eintracht herrscht, durch welche kleine Staaten wachsen, während durch Misshelligkeit auch die grösten zerstört werden. Denn unter euch sind keine Parteien, keine Verbindungen, keine Feindschaften, bei deren Ueberhandnehmen es um Königreiche, um Städte und alle Gemeinwesen geschehen ist. Doch ich vertraue fest, dass dem Gemeinwesen zu Liebe, ihr alle Eintracht und gegenseitige Zuneigung zu einander hegt und bewahrt.

Von der Liebe zum Gemeinwesen.

Denn ein mächtiges Band zur Erhaltung der Stadt ist die Hochachtung und die Liebe für das Gemeinwesen, welche ihr besitzen müsst, so oft ihr zusammen berufen werdet oder in den Rat kommt, so dass ihr eurer eigenen Geschäfte vergessend nur für das Wohl der Stadt sorgt.

Von der Kriegsbereitschaft.

Daraus ergibt sich, dass Vorrats- und Schatzkammer gefüllt und die Kraftsehne des Krieges (das ist baar Geld) verstärkt werden muss. Denn dass ohne Geld und Proviant kein Krieg geführt werden kann, kann man daraus abnehmen, dass Viele auf Antrieb ihrer Schmeichler sich bald zum Kriegführen hinreissen liessen, wenn nicht Truchsessen und Schenken, Seckelmeister und Kämmerer durch ihr Abraten und ihre Klagen es hinderten und dazwischen träten.

Uebermut ist zu meiden.

Doch soll man sich weder des eigenen noch des allgemeinen Reichtums halber überheben. Denn mit solchem Uebermute verrät die Torheit sich selbst, Hoffart steckt ihr Horn hervor, Demut wird unterdrückt, Gott wird erzürnt, Hass und Feindseligkeit der Auswärtigen wird erregt und zuletzt beginnt das Gemeinwesen zu wanken.

Von der Freundschaft der Nachbarn.

Denn es gereicht sehr zum Heil den Bürgern und den Städten Nachbarn zu haben, ob es nun Völker oder Fürsten sind, welche günstig gestimmt sind. Das Sprichwort sagt ja: mit den Nachbarn richtet man Scheuern auf. Der Fürsten Freundschaft muss man suchen und annehmen; nicht aber auf sie allein die Hoffnung für Sicherheit und Heil setzen, und nicht allzufest sich darauf verlassen. Denn es gibt nur allzuviel Schmeichler, welche die vornehmsten und sanftmütigsten Fürsten verführen und sie leicht überreden, die Reichsstädte seien zu reich, man solle sie angreifen und bekriegen und ihnen ihr Gut nehmen, nur damit durch Raub und Beute die reich werden möchten, die das Ihrige mit Völlerei, Spiel, Buhlschaft, Liederlichkeit, Schaugepränge, Mutwillen, Stechen und Turnieren oder sonst in Ueppigkeit verthan haben. Diese Schmeichler und heimlichen Feinde sagen den Fürsten nicht, dass die Städte die weithinleuchtenden Glieder des Reiches sind, die edlen Töchter der heiligen Christenheit und die Festen des ganzen Vaterlandes, auch für die Fürsten die besten Zufluchtsstätten, in denen (wenn es Not thut) Geld und Vorrat, sei es auch leihweise, herbeigeschafft werden kann. Sie sagen den Fürsten nicht, dass in den grossen Reichsstädten Fromme beiderlei Geschlechts gefunden werden, die wegen der Reinheit ihres Lebens und der Heiligkeit ihres Wesens Gott (von dem jeder Sieg kommt) angenehm sind. Ganz anders urteilte der trefflichste und siegreichste Fürst von Baiern, Herzog Friedrich, Pfalzgraf bei Rhein, des jetzigen Herzogs Philipp Vater. Denn er hielt die Freundschaft der Städte hoch; wie er denn auch nicht geringen Nutzen und Beistand von ihnen erlangt hatte; und er wuste, dass nicht Bürger und Volk um des Fürsten willen, sondern der Fürst um des Volkes und der Bürger willen erwählt sei. Und er zog nicht in Zweifel, dass er auch den Reichsstädten verpflichtet sei, sowohl als Fürst des Reichs, wie als Christ, der nach dem Nutzen und dem Frieden der Christen zu trachten verbunden sei. Wie wohl er keine Stadt des Reiches verachtete, so soll er doch oft gesagt haben, er sei mit einer guten und starken Mauer umzogen und bewahrt, so lange er hoffen könne, dass ihm im Osten Nürnberg, im Süden Strassburg, im Westen Speier und Worms, im Norden aber Köln wohlgesinnt seien: wahrlich ein kluger und treffender Ausspruch des weisesten und gerechtesten Fürsten, den in seiner Voraussicht die Schmeichler nicht betrügen konnten und dem seiner Gerechtigkeit wegen alle Räuber verhasst waren, von dem sie auch allenthalben vertilgt wurden.

Von der Gerechtigkeit gegen die Fremden.

Aber solcher Blutsauger Fallstricken kann eine Stadt nicht besser entgehn, als wenn sie Gerechtigkeit und Billigkeit lieb hat und durchaus Niemand Gewalt anthut, damit jene nach fremdem Gute begierigen Wegelagerer, die zuweilen einen Grund zur Fehde vom Zaune zu brechen bereit sind, nicht den geringsten Anschein einer berechtigten Klage zu erlangen vermögen. Daher ist es manchmal nötig sich zu überwinden, zu gedulden, freundlich und mild gegen Fremde zu sein, die es gern sähen, dass ihnen eine Beleidigung oder Vergewaltigung widerführe, um wegen eines geringen Unrechts oder wegen der Benachteiligung um einen Pfennig mit ihrem Anhang eine ganze Stadt oder Landschaft verwüsten zu können. Dadurch werden ansehnliche Staaten und grosse Städte, um dem zu widerstehn und sich zu beschirmen, gezwungen erhebliche Unkosten zu tragen, und dürfen doch von den verworfensten Menschen keinen Gewinn dafür erwarten, wenn man es nicht für einen grossen Gewinn achten will, einem schändlichen Mordbuben seinen schäbigen Kopf abzuhauen.

Von der Sparsamkeit für die gemeine Schatzkammer.

Es soll auch ein jeder Verweser des gemeinen Schatzes sich nicht weniger davor hüten und scheuen, dass das Gold und Silber im Besitze des Gemeinwesens verschwendet werde, als wenn er aus seinem eigenen Seckel zum Schaden seines väterlichen Erbes oder zur Verminderung seines Besitzes und Lebensunterhaltes etwas auszugeben genötigt würde. Es soll auch ein jeder sich vorstellen, und es so ansehn, als ob bei einem Geschäft der Stadt, worüber beraten und beschlossen werden soll, seine eigne Sache verhandelt würde: so dass er nicht weniger für die gemeinsame Erspriesslichkeit und die Ehre der Stadt, als für seine eigene und die seiner Kinder und seines ganzen Geschlechts besorgt sei; ja um so viel mehr soll einem jeden der allgemeine Nutzen angelegen sein, als davon das Heil Vieler abhängt, und ein Gut, je mehr es allgemein ist, um so heiliger, um so göttlicher ist. Damit wird die lautere Liebe, damit die feste Treue für das Gemeinwesen bewährt und davon hängt zumeist dessen Heil und Zunahme ab. Solcher Ernst, solche Standhaftigkeit, solche Redlichkeit, solche Treue, solche Hingabe an das Gemeinwohl hatte die alten Römer durchdrungen und hat sie unsterblich und hochberühmt gemacht. Denn sie glaubten, dass ihnen dafür eine gewisse Stätte bei Gott im Himmel bereitet sei; dass dagegen denen, welche zur Schädigung des Gemeinwohls unsühnbare Arglist geübt hätten, der Weg zur Vereinigung mit den Göttern verschlossen werde.

Von der Gerechtigkeit in der Stadt.

Es ist auch nicht genug, dass eine Stadt gerecht sei gegen die Fremden; es muss auch innerhalb der Mauern, zwischen den Bürgern die Gerechtigkeit nach der Schnur gehalten werden, dass nicht die Mächtigen einen Geringeren, die Reichen einen Armen, die Edeln den gemeinen Mann zu unterdrücken, ja nicht einmal zu verachten und zu erniedrigen sich unterstehen, und dass kein Stand den andern zu verdrängen oder herabzusetzen suche.

Von den drei Ständen, die notwendigerweise in einer Stadt sich finden.

Denn weil zur Zierde des Reichs, zur Ehre des Fürstentums, zur Erhebung einer Stadt drei Stände notwendig sind, der geistliche, der ritterliche und der bürgerliche, so steht es mit Allem wohl, wenn jeder in seinem Stand friedlich und ruhig lebt und vom Andern nicht durch Unrecht verletzt wird. Aber der Höllenhund, der Teufel (wegen dessen Neides der Tod in den Umkreis der Erde eingetreten ist) verfolgt Frieden und Eintracht mit dem stärksten Hass und hört nicht auf zwischen den Angehörigen dieser drei Stände Uneinigkeit, Nachstellung, Feindseligkeit zu säen, indem er dem einen vorhält und beibringt, dass die zwei andern Stände zu viel Gut besässen, so dass Niemand mit seinem Loos oder Stand sich genügen lässt, sondern dem andern zu schaden sucht. Daher der Hass, daher das Murren, daher die böse Nachrede, daher die Begier nach fremdem Gut, welche täglich im Reich, unter den Fürsten, in den Städten entstehn. Ritter und Krieger murren gegen die Geistlichen, dass sie müssig gehn, dass sie nicht mit den Händen arbeiten und doch grosse Renten einnehmen, und meinen, die Geistlichen besässen ohne Mühe grosses Gut. Darum murren sie und sind neidisch auf sie, und scheint ihnen der geistliche Stand ganz unnütz zu sein. Viele Ritter aber verfolgen beide Stände, den geistlichen und bürgerlichen, mit Hass und Verachtung, und in Gegenwart der Mächtigen oder unter sich allein hören sie nicht auf gegen das Glück, die Ruhe und den Reichtum beider Stände zu murren. Dieser Hass, dies heimliche Anfeinden verdirbt das ganze christliche Gemeinwesen, zerstört Deutschland, unterdrückt die Priesterschaft, beunruhigt die Städte und lässt die Macht der Türken und Heiden anwachsen. Solche Zwietracht zwischen den Einzelnen und den Parteien im Gemeinwesen wirkt ebenso, wie wenn in einem menschlichen Leibe die Glieder sich unter einander bekämpften, annagten, zerfleischten. Es sollte aber jedermann wissen, dass alle diese Stände im Gemeinwesen notwendig sind, wie an einem Leibe die verschiedenen Glieder: der geistliche Stand wie die Augen, der ritterliche wie das Herz oder der Magen, der bürgerliche aber wie die Hände. Darum murre der bürgerliche nicht gegen den geistlichen Stand, als ob derselbe frei wäre von der Arbeit der Hände; denn er hat ein anderes Amt, nämlich sein heiliges Opfer, Gebet, Gesang, Sakramente, Lernen und Lehren, Rat zu geben und Gott Dank zu sagen, die Menschen zu guten Handlungen zu leiten, durch welche wir zu dem uns vorgesteckten Ziele gelangen können. Da nun der geistliche Stand solches nicht thun könnte, wenn er zugleich mit den Händen zu arbeiten gezwungen wäre, so müssen notwendigerweise der ritterliche und bürgerliche ihn unterstützen und mit ihren Einkünften ihm zu Hilfe kommen, ihm den Zehnten und andre Gebühren darbringen. Des Ritterstandes Amt ist das Gemeinwesen zu beschützen, Frieden und Ruhe zu bewahren; das des Bürgerstandes Geld und andre Hilfsmittel zu schaffen. Und wenn nun so ein jeder auf sein Amt achtet und das höllische Gift, des Teufels Einblasungen abweist, so wird Alles friedlich und gerecht im Gemeinwesen verwaltet werden. So wird der geistliche Stand in seiner Blüte bestehn, wenn denen, die Geistliche werden oder in ein Kloster gehen wollen, ihr gebührlicher Anteil oder väterliches Erbe nicht vorenthalten wird, wenn der letzte Wille der Priester oder Bürger nicht aufgehoben wird, wenn ehrbaren Wittwen nicht wider ihren Willen Vögte gesetzt werden, wenn die Priesterschaft mit Zöllen, Ungeld, Auflagen und ungeziemenden Aufforderungen, ohne Erlaubnis und Zulassung des Papstes, nicht beschwert, sondern die geistliche Freiheit unverbrüchlich gehalten wird, wenn die von den

Frommen für die Spitäler, für die Armen und für den Bau und die Ausschmückung der Kirchen dargebrachten Gaben nicht zu andern Zwecken verwendet werden, wenn Todschlag, Ehebruch, Raub und andre grosse Missethaten mit tüchtiger Busse gestraft werden. Denn die Strafgewalt ist die Herrin und die Hüterin des Friedens. Was hilft es nach aussen stark zu sein, wenn man zu Hause ein böses Leben führt. Möge man Städte erobern, Völker züchtigen, Königreiche überwinden, wenn nicht in Recht und Gericht Pflicht und Ehre bestehen bleibt, so wird der Haufe der Eroberungen, und reiche er auch bis zum Himmel, doch keine Beständigkeit besitzen: so spricht der berühmte Valerius, der seine Geschichten von überall her gesammelt hat.

Von der Klugheit.

Es ist ferner für das Heil der Stadt die Klugheit nicht minder notwendig, als die Gerechtigkeit: es sei denn dass der Meister Plato falsch geschrieben oder dass Salomon gelogen habe.

Einige Eigenschaften eines klugen Rates.

Zur Klugheit eines Rates im Gemeinwesen gehört, dass er weiss, er vertrete den Staat selbst und habe dessen Würde und Ehre aufrecht zu halten, die Gesetze zu handhaben, die Gerechtsame zu bestimmen, und sich zu erinnern, dass diese ihm anvertraut sind, er habe Kenntnis und Weisheit nicht zu verachten, göttliche und menschliche Gesetze zu erforschen, sich nicht auf seinen Verstand zu verlassen, den Brauch andrer Städte zu kennen, in städtischen und bürgerlichen Angelegenheiten die Rechtsgelehrten, in den Händeln aber, wodurch Gott erzürnt, der Nächste verletzt, die Bruderliebe ausgelöscht, das Gewissen verwundet und die Seele verloren werden mag, die Gottesgelehrten zu befragen. Geheime Beschlüsse soll er bei sich behalten und die Verschwiegenheit, das beste und sicherste Band der Verhandlungen, niemals brechen. Von den Fürsten soll er ehrerbietig und bescheiden reden, bei dem römischen Stuhl und der kaiserlichen Majestät soll er allezeit getreue Freunde haben. Gäste und von auswärts kommende soll er freundlich aufnehmen, einem jeden, auch dem Fremden, Recht sprechen, Niemand leichtfertig zu Gericht ziehn und nicht vorschnell für schuldig halten, auch nicht eilig zum Gefängnis oder zum Tode verurteilen, Feinde nicht übermässig fürchten, noch übermässig geringschätzen, die Gelehrten und Adlichen, die dem Gemeinwesen, wenn auch vielleicht für Sold dienen, geziemend ehren, Wissenschaft und Adel wie eine Zierde der Stadt und des Rates hoch schätzen: denn Ehre wird dem zu Teil, der sie andern erweist.

Von Jahrbüchern.

Es steht auch einem klugen Rate zu, alles Gedenkenswerte, was in der Stadt, im Lande, im ganzen Reiche geschieht, genau in Jahrbüchern aufschreiben zu lassen und so durch schriftliche Aufzeichnung der Kenntnis der Nachkommen zu überliefern, damit die Väter solches ihren Söhnen kund thun und das folgende Geschlecht es sich merke. Das wird, denk' ich, sehr dienlich und nützlich sein zu Ehr' und Vorteil, zur Aneiferung der Jugend, zur Voraussicht künftiger Geschehnisse, zur Grundlage der Beratung, zur Erhaltung des Rechtes, zur Abwehr ungerechter Handlungen oder Urteile in der Zukunft, zur Erinnerung an die von einem Jeden selbst oder von seinen Vorfahren geleisteten Dienste oder erwiesenen Wohlthaten, zur Beschirmung der Freiheit, zur Bewahrung der von Päbsten und Kaisern verliehenen Privilegien, zum Heile der Stadt in Krieg und Frieden.

Unwissende sind zu bedauern.

Es ist zum Verwundern und fürwahr zum Erbarmen, dass viele im gemeinen Volke in ihrer Verblendung das, was sie selbst nicht verstehn, wie die edeln, freien Künste, die Wissenschaften, Historien, die lateinisch geschriebenen kaiserlichen Gesetze nicht anders, als wie der Teufel das Zeichen des heiligen Kreuzes, hassen, verachten und verfluchen; dass sie von diesen Studien abmahnen und abraten, und viele Väter verführen ihre Söhne von der Lehre der Weisheit, der Gesetze, der Moral, der Geschichte und der heiligen Schrift fern zu halten. Solche

Hasser und Verächter aller Wissenschaften könnten wohl besser über Ziegenfelle und Schweinshäute urteilen als über die edelsten Bücher und die kostbarsten Schriften. Diese eure Feinde, wie ich sie nennen muss, ihr weisen Ratsherren, missgönnen euren Kindern die Ehre; sie haben sich und ihr Ansehen lieber als das Heil eures Gemeinwesens und das Erblühn eurer Stadt.

Der Nutzen der lateinischen Sprache.

Wäre es nicht vorteilhafter, wäre es nicht ehrenvoller und löblicher, wenn eure wohlbegabten Söhne, so lange sie noch jung und unerwachsen sind, zu den lateinischen Büchern geführt würden, um darin die edelste Sprache zu lernen, womit sie die fremden Botschafter, Bischöfe, Cardinäle, und, wenn es nötig wäre, den Papst selbst anreden, die Unterredung der Priester, die evangelische Geschichte und was sonst im Gottesdienste gelesen würde, verstehn und nach dem Brauche aller Wälschen, vor diesen ihr Gewissen erleichtern könnten. Ich sage, die lateinischen Bücher sollten sie lesen, aus denen sie Weisheit, Gerechtigkeit, Gottesfurcht, Klugheit, erfolgreiche Leitung des Gemeinwesens, gerechte Gesetze, die Geschichten und Thaten der Alten, gute Sitten und glänzende Tugenden, die Ursachen der natürlichen Dinge, massvolle und löbliche Anwendung der scharfen Gesetze, Kriegszucht und Kriegskunst lernen könnten. Sie würden doch zu Männern herangewachsen, die Gesandten und Redner auf den Reichstagen verstehn, oder wenigstens in ihren eigenen Händeln die lateinischen Reden begreifen, auch wissen, ob die lateinischen Gedächtnisinschriften für sie oder für die Ihrigen fehlerhaft wären, dass nicht, anstatt «Vester» oder «Gestrenger» auf den Grabstein «Wohlgeborner» eingehauen würde; die Umschriften der Münzen könnten sie lesen; es wäre ihnen nicht unbekannt, warum die Klöster Sanct Johannes und Sanct Nicolaus *in undis* d. i. zwischen den Wassern genannt werden, und sie würden sie nicht unschicklich auf deutsch «zu den Hunden» nennen. Denn so sind, wegen Unkenntnis des Lateinischen viele Namen der Städte verdreht und falsch verstanden worden: wie denn diejenigen irren, welche den fernsten Punct in Spanien besucht haben, welche das Latein *Finis Terræ* nennt, und welche bei der Heimkehr sich rühmen, sie seien bis zum »Finstern Stern« gekommen, ohne zu wissen dass *Finis Terræ* »zu Ende der Welt« bedeutet. So ist auch in den Alpen ein Flecken, genannt *Inter lacus*, d. i. zwischen den See'n, den man aber »Hinterlappen« nennt. So ist die Kirche Sanct Peters zwischen Molsheim und Sultz, genannt *Domus Petri*, wofür die Ungelehrten sagen »Dompfiertren«, was doch von der lateinischen Sprache, in welcher die Orte zuerst benannt worden sind, sich weit entfernt hat.

Von der Einrichtung eines Gymnasiums für die in den Anfangsgründen des Schreibens unterrichteten Knaben.

Ich sage, wäre es nicht besser, euere Söhne, die zu früh aus der Kinderschule genommen werden, wenn sie kaum die ersten Buchstaben lesen können, lieber noch fünf oder mindestens drei Jahre zur Erlernung der freien Künste auf ein Gymnasium zu schicken, welches auch in eurer Stadt errichtet werden könnte, ohne alle Kosten für das Gemeinwesen, einzig abgesehn von dem dazu bestimmten Gebäude. Wohl wäre es besser dass sie so in ihrem Vaterland, bei ihren Verwandten, mit geringen Unkosten durch eine kurze, aber nützliche Unterweisung vorbereitet würden auf die hohen Schulen oder vielleicht nach Rom zu ziehn, den geistlichen Stand oder das Amt der Schreiber und Notare zu ergreifen, in der Fremde der Kaufmannschaft nachzugehen, bei einem Cardinal Dienste zu thun, oder endlich im Rate den Verhandlungen beizuwohnen. Gewiss wäre das besser als dass sie bei allzu grosser Nachsicht (um nicht zu sagen Verabsäumung) ihrer Eltern oder Verwandten mit der Vogelbeize, dem Prassen, dem Müssiggang, Spiel und Haarkräuseln, der schlechten Gesellschaft von beiden Geschlechtern sich verführen, verderben, zu Grunde richten lassen. Und damit man nicht meine, dies solle den andern Schulen in den Kirchen und Klöstern Schaden und Abbruch thun, so will ich es so gemeint haben, dass in dies neue Gymnasium nicht alle Kinder ohne Unterschied aufgenommen werden sollen, sondern nur diejenigen, welche einige Jahre schon andere Schulen besucht haben und in diese doch nicht länger gehen würden, vielmehr müssig und mit Mutwillen sich umhertreiben und verderbt werden oder die auf die Schulen andrer Städte mit grossen Unkosten ihrer Verwandten geschickt oder allzu früh an die hohen Schulen geführt werden. Diese letztgenannten, die noch nicht völlig Latein und Grammatik verstehn, und daher eine feste Grundlage noch nicht besitzen, fangen doch an die aristotelische Philosophie oder die kaiserlichen Rechte zu hören und bleiben daher Zeitlebens ungeschickt, so dass sie niemals vor Gelehrten ohne Furcht reden können, weil sie die rechten Anfangsgründe der Bildung nicht inne haben und das Lateinische nicht genug können.

Also kann aus diesem neuen Gymnasium den Schulen des Münsters und der Stifter durchaus kein Schaden erwachsen. Denn es kommt mir nicht in den Sinn irgend Jemand zu schädigen oder zu verletzen, am wenigsten aber die Schullehrer, meine besonderen Freunde und Wohlthäter. Es ist auch nicht zu besorgen, dass durch dies Gymnasium die Anzahl der Geistlichen noch vermehrt werde: denn auf dieser Schule wird man nur die Schriften der Redner, der Sittenlehrer und der Geschichtschreiber lesen, welche man nicht nur für den geistlichen, sondern noch weit mehr für den bürgerlichen, den ritterlichen, den ratsherrlichen Stand nützlich halten wird. Und was wär's, wenn gleichwohl durch diese heilsame Anstalt mehr als bisher die Kinder eurer Stadt für die Geistlichkeit geschickt gemacht würden? Fürwahr, es ginge dadurch der Stadt weder an Ehren noch an Nutzen etwas ab, wenn die Pfründen, welche von Kaisern, Bischöfen, Edeln und Bürgern in dieser Stadt einstmals gestiftet und begabt worden sind, in Zukunft auf eure Kinder und Kindeskinder fielen, nicht weniger als wie wir bisher gesehen haben, dass sich in andern Städten und Landen, ja in fremden Zungen Geborene darum Mühe geben und bestreben, und davon leben und ihren Freunden und Verwandten oder Dienstleuten damit Wohlthaten und Nutzen erweisen. Und damit man nicht fürchte, dass die Knaben, die auf diesem neuen Gymnasium von auserwählten Meistern gelehrt werden sollen, im Gesange ganz ohne Uebung bleiben, so könnten sie an einem Feierabend den Gesang des andern Tages durchnehmen; und leicht möchten, um sich im Gesang zu üben, am Sonntag oder an anderen Feiertagen die Lehrer und Schüler in einer dem Schulhause zunächst liegenden Kirche zusammen kommen und das Fronamt mit singen.

Das Vorbild der Fürsten und anderer Städte.

Ich bitte euch, ehrenfeste Ratsherren und Magistratspersonen, folgt Philipp nach, dem König von Macedonien, folgt den siegreichsten Kaisern nach, folget nach den edeln Fürsten, Grafen, Herren, Rittern und Edelknechten, von denen ich viele kenne, ja auch den weisen Bürgern vieler berühmter Städte in Deutschland, welche ihre Kinder in die heilsame Lehre der Wissenschaft gegeben haben; folget ihnen nach und verachtet die törichten Einreden der Neidischen; gebet eure Söhne zur Unterweisung in den guten Künsten, dass sie die edeln Schriften kennen lernen, zur Zierde ihrer Seelen, zur Mehrung der Tugenden, zu eurem Trost, zum Heile eurer Stadt und eures Gemeinwesens, zum Lob und zur Ehre eures ganzen Geschlechtes, damit sie über sich selbst Kenntnis erhalten und von der Unsterblichkeit der Seele erfahren, zur Stärkung des Glaubens, zur Befestigung des Gottesdienstes, endlich damit sie mit euch um so leichter das ewige Leben erlangen.

Vom Schaden des Müssiggangs und der Unwissenheit.

Denn was werden eure Söhne thun, wenn sie keine litterarische Bildung erhalten haben, insbesondere wenn sie nicht der Ritterschaft sich widmen oder kein kaufmännisches Geschäft oder sonstiges Gewerbe betreiben? Was werden oder können sie, mein' ich, anders thun ihr ganzes Leben lang als dem Müssiggang sich hingeben, dem Spiel, dem Schlaf, dem Prassen, als wären sie nur dazu geboren der Erde Frucht zu verzehren? Sie werden züchtige

Mädchen und ehrbare Frauen verfolgen und verführen: denn zu welcher Sünde reizt der Müssiggang nicht an? Eure Söhne sollen nicht meinen, dass sie von Gott in diese Welt gesetzt sind, nur um zu jagen und zu beizen, nur um Knechtesknechte zu sein, nämlich der Falken und Habichte Diener, welche die Vögel mit Abmüdung der Arme und beständiger Sorge sich zu beschmutzen herumtragen. Mögen also eure Söhne nicht den schnöden und bäurischen Leuten folgen, welche sie vor der Zeit von den Studien abziehn wollen: das sind fürwahr heimliche Feinde ihrer Ehre, Widersacher der ganzen Stadt, Vergifter des Vaterlandes, Neider der Tugenden, Freunde der Laster, Gönner des Müssiggangs, Anreizer zur Ueppigkeit, Hetzer der bösen Lust, Erwecker der jugendlichen Leidenschaften, Verderber der Seelen, Zerstörer herrlicher Hoffnungen, Verführer der Knaben und Schädiger eures Gemeinwesens: sie wissen nicht, welche Frucht und Freude, welche Lust und Ehre aus der Kenntnis des Lateins und den litterarischen Studien entspringt. Verzeiht mir, weise Ratsherren und ehrenfeste Bürger: ich wünsche und begehre und liebe (wie ich es von meiner Jugend an immer geliebt habe) das Wohl eurer Kinder und das Heil eures Gemeinwesens, auch das Erblühn eurer Stadt, ganz anders als jene groben ungelehrten Verführer. Denn ich fürchte, dass gerade eure begabtesten Söhne, falls sie keinen wissenschaftlichen Unterricht empfangen, später einmal unter den Gelehrten und Gebildeten in ihren eigenen oder den Angelegenheiten eurer Stadt wie Stumme da sitzen und allzuspät den Verlust ihrer Zeit und ihre beschämende Unwissenheit beklagen, und dann ihre Eltern oder Verwandten einer schmählichen Verabsäumung zeihen werden: denn solche Klagen, solche Vorwürfe habe ich mehr als einmal von den Kindern fürstlicher und adlicher Eltern gehört und mit ihnen ein herzliches Mitleid gefühlt.

Von dem Gottesdienste.

Endlich (was aber doch das allerwichtigste ist) soll ein weiser Rat, der ein Gemeinwesen segensreich zu regieren wünscht, vor allen Dingen für den Gottesdienst sorgen und die Erfüllung der göttlichen Gebote nicht versäumen. Denn Gott will nicht verachtet sein von den Menschen und gegen Gottes Gebote unfromm zu handeln bleibt nicht ungestraft. Dem Gottesdienste alles andre nachzusetzen war stets der Grundsatz der Römer und sie zweifelten nicht daran, dass sie alle zeitlichen Dinge beherrschen würden, wenn sie der göttlichen Macht treu und unverbrüchlich dienten. Nehmen wir uns also ein Beispiel an den Heiden und Ungläubigen und seien wir eifrig dem wahren Gotte die Ehre zu geben, welche sie, noch nicht durch den rechten Glauben erleuchtet, ihren falschen Göttern auf das eifrigste erwiesen haben. Und ganz gewiss wird der barmherzige Gott für die Erhaltung und für die Erhöhung eures Gemeinwesens ebenso lange wachen, als ihr von der sorgfältigsten Beobachtung seines Dienstes und der Erfüllung seiner Gebote die Augen nicht abwenden werdet. Es gehört aber zum Gottesdienste das heilige Opfer, das heisst, die Messe zu hören, Psalmen und Loblieder singen zu lassen, unablässig Gott zu danken für seine Wohlthaten und für den Sieg, den er verleiht: wie ihr es alle Jahre für die Ueberwindung des Burgunders und wegen des Erdbebens am Sanct Lucastage in lobenswerter Weise haltet.

Von den Kanzelrednern.

Zum Gottesdienst gehört auch die Predigt aufzusuchen und einen Prediger, der die Wahrheit sagt, geduldig anzuhören und zu beschirmen, insbesondere einen weltlichen Gelehrten der heiligen Schrift, der mit angemessenem Solde versehen sei, damit er standhaft und unerschrocken die Wahrheit öffentlich zu sagen wage: besser so, als wenn sie vom Opfer oder dem Almosen erhalten würden. Insonderheit sollte diese eure Stadt hervorragenden Gottesgelehrten geneigt sein, da Strassburg schon vor langer Zeit durch solche Männer berühmt und verherrlicht worden ist, durch Thomas und Ulrich,[51] deren Namen und Vaterland auf allen Hochschulen gefeiert sind, wegen ihrer vorzüglichen Lehrthätigkeit in Weltweisheit und in Theologie, sowie wegen ihrer scharfsinnigen und lehrreichen Schriften, die sie zum ewigen Ruhme ihres Vaterlandes der Nachwelt hinterlassen haben. Aber gelehrte und ehrwürdige Theologen und friedsame Lehrer der geistlichen Rechte könnte eure Stadt leicht und ohne alle Kosten für alle Zeiten haben, wenn die Vorschläge, welche eurer weiser Prediger, Johannes Kaisersberg in seinem sorgfältig ausgearbeiteten und wahrhaft heiligen Schreiben an euren hochwürdigen und frommgesinnten Bischof, aus christlicher Liebe nun vor langer Zeit schon hierüber aufgestellt hat, jemals in's Werk gesetzt werden sollten.

Was dem Gottesdienste zu Liebe zu bestrafen wäre.

Auch gehört es zum Gottesdienst, das Murmeln, das Auf- und Abspazieren, das Geschwätz, das Schreien oder Heulen aus dem Bilde unter der Orgel im heiligsten Tempel, insbesondere während der Gottesdienst gehalten wird, nicht zu dulden; noch die gebannten Abende vor den Heiligentagen und die Abstinenz der heiligen Fasten in den Wirtshäusern von Gesunden und Müssiggehenden, Jedermann zum Aergernis, öffentlich brechen zu lassen; die täglichen Völlereien auf den Stuben mit einem gesetzlichen Verbot nach dem Muster der alten Römer abzustellen; Looswerfen, Aberglauben, Gotteslästerung und verbotene Spiele, welche kaum ohne Gotteslästerung vor sich gehn können, sowie andre menschliche Satzungen und Gebräuche, welche dem natürlichen oder göttlichen Rechte zuwider sind, auf keine Weise zuzulassen; bekannte Ehebrecher nicht zu Ehrenstellen zu erheben; die alten und kranken Bürger, nach Vertreibung der starken Bettler, mit dem Almosen zu erhalten.

Auch würde es nicht wenig zur Erhöhung des Gottesdienstes beitragen, wenn ihr mit Recht und Billigkeit auf Grund gewisser und fester päbstlicher Vollmacht, unter Zustimmung eures hochwürdigsten und durchlauchtigsten Bischofs und der edlen Capitelherren der hohen Stifter, verlangen und begehren wolltet: dass ein Jeder fortan mit einer Domherrnpfründe in eurer Stadt (abgesehen von eigenen Einkünften) sich begnügte, wie es zu Basel, zu Speier, zu Würzburg, zu Bamberg und in einigen andern Städten Deutschlands, in denen Bischofsstühle sind, ehrbar und fromm gehalten wird. Denn so könnten Viele eurer Kinder und Kindeskinder leicht versorgt werden; der Gottesdienst würde vermehrt; dem letzten Willen der Stifter der Pfründen wäre Genüge gethan; den Seelen der Abgeschiedenen könnte reichlicher geholfen werden, und eure lieben Kinder und Kindeskinder dienten Gott und würden mit euch zum Himmel gefördert, da sie sonst mit mehreren Pfründen beschwert werden, denen sie nicht genug thun können, die sie gegen Billigkeit, gegen die einfach vernünftige Auslegung, zum Schaden der Bruderliebe, wider das schreckliche Verbot Pabst Johannes des XXII. besitzen, und deshalb in die Hölle versenkt und ewig gepeinigt werden sollen. Wer wäre doch so frech, wer ein so grosser Verächter des gerechten Gottes, der bischöflichen und eurer eignen Gewalt, dass er eine so heilige Satzung, wodurch der Gottesdienst, das Heil der abgeschiedenen Seelen und die Versorgung so Vieler im höchsten Grade erweitert würde, und welche vom päbstlichen Stuhle bestätigt, durch des Bischofs, des Capitels und eure eigne Autorität behütet würde, dennoch zu brechen oder zu schwächen sich unterfinge?

Ich habe euch fest und ohne alle Furcht und Scheu, ihr weisen, lieben Herren, zur aufmerksamsten Sorgfalt wegen der Dinge gemahnt, die zur Erhöhung des Gottesdienstes gehören, indem ich auf eure angeborne und von den Voreltern euch angeerbte Tugend und Ehrbarkeit vertraue und mich verlasse. Denn eure Vorfahren haben dem Gottesdienste zu Liebe Kirchen, Tempel, Spitale, Klöster, Pfründen errichtet, den Gottesdienst im Münster, zumal in Unserer Frau Kapelle, morgens und abends bestellt, die Zahl der Diener Gottes vermehrt, die heiligen Stätten mit kostbaren Kleinodien geziert; sie haben die Pfarrkirchen (welche doch älter sind als die Klöster der Bettelorden) besonders lieb gehabt; sie haben die Juden vertrieben, sie haben die heilige römische Kirche und den päbstlichen Stuhl als wahre Christen allezeit geehrt und ihre Boten und Gesandten ehrerbietig aufgenommen und freundlich bewirtet; sie haben aus Rücksicht auf den Nachfolger des heiligen Petrus und den Statthalter Christi und zur Beschirmung des päbstlichen Stuhls einen Meister der Ketzer, Namens Friedrich Tunauwer, welcher von der Schenkung des Kaisers Constantin übel redete, zum Feuertode, und ziemlich viele Personen beiderlei Geschlechts, die ihm anhingen, teils auch zum Tode, teils zur Verbannung verurteilt und verdammt, im Jahre 1458[52].

Deshalb ist mit vollem Recht die römische Kirche und der heilige Vater, der Pabst, eurem Gemeinwesen geneigt und günstig gesinnt, und wird, was ihr Billiges verlangt oder künftig verlangen werdet, auch ohne Widerrede für ewige Zeiten beständig euch verleihen und gewähren.

Von den guten Bürgern.

Den guten Bürgern gebührt es nicht zu viel liegende oder andre Güter zu begehren, den Wucher zu fliehen, das Gemeinwesen zu lieben, die Mitbürger nicht zu verachten, die Obrigkeit zu ehren, Aufruhr zu verabscheuen, Kirchen und Geistlichkeit zu verehren, die Ehre Gottes zu wahren, gegen die Armen sanftmütig zu sein, in Billigkeit und Gleichheit mit den andern Bürgern zu leben, sich weder allzu unterwürfig und knechtisch zu zeigen noch im Gemeinwesen sich übermässig hervordrängen wollen, nach Frieden und Ehrbarkeit zu streben, den Ehegattinnen treu anzuhängen, mit einer Frau sich genügen zu lassen, keine Blutsverwandte zu ehelichen, nicht allein nach Schönheit und Reichtum, vielmehr nach Ehre und Tugend zu heiraten, nicht in allzu jungen Jahren in die Ehe zu treten, mehr in kalter, als in heisser Zeit Kinder zu zeugen, der Frauen gute Eigenschaften zu fördern, schlechte zu unterdrücken. Als gute Eigenschaften der Frauen nenne ich Scham, Mildthätigkeit und Barmherzigkeit; böse Eigenschaften aber sind diese, dass sie meist ohne Mass ihren Leidenschaften folgen, dass sie klatschhaft und zänkisch und unbeständig sind. Darum sollen sie von den Männern regiert und zur Mässigung, zum Schweigen und zur Beständigkeit angehalten werden. Zur Mässigung gehört Keuschheit, Schamhaftigkeit, Zurückhaltung im Essen und Trinken. Denn es ziemt sich dass sie keusch seien, nicht allein damit sie ihren Ehemännern Treue halten, sondern damit auch nicht im Ehebruch empfangene Kinder zum väterlichen Erbteil gelangen, was doch eine der grössten Sünden und Ungerechtigkeiten ist und worüber auch die Beichtväter nur mit schweren Zweifeln entscheiden können. Ich füge die Schamhaftigkeit hinzu : denn die Keuschheit, mit welcher die Frauen von fremden Männern sich fern halten sollen, genügt nicht; sondern sie sollen auch ehrbar und schamhaft sein, so dass sie sich vor allen Zeichen und Worten, die irgend ein Aergerniss an sich tragen, auf das strengste hüten. Denn es ist nicht genug dass kein Sohn eines Fremden in das Erbe des Mannes eintrete, sondern es gehört auch zur Heiligkeit der Ehe, dass der Vater über die Zugehörigkeit seiner Kinder volle Gewissheit oder Zuversicht habe. Zu solcher Keuschheit, Schamhaftigkeit, Verschwiegenheit, Mässigkeit, Nüchternheit sollen die Bürger mittleren Standes ihre Frauen selbst anhalten; die durch Adel und Besitz höher stehenden sollen sie durch fromme, ehrbare Frauen von gutem Rufe ermahnen lassen.

Es steht auch einem Ehemann zu sich in der Ehe mässig und anständig zu verhalten und auf Zeit und Ehrbarkeit und Gesundheit zu achten. Es soll auch ein jeder Mann seine Frau nach seinem Vermögen und Stand mit Kleidung und Nahrung versehn und sich ihr freundlich und liebevoll mit sanfter Rede und Mahnung erzeigen. Aber den hoffärtigen Närrinnen gegenüber thut ein härteres Anfahren Not: für Demütige und Vernünftige genügen sanfte und freundliche Worte. Die Männer sollen ihre Frauen lieben wie Genossinnen, sie nicht wie Mägde halten; vor Eifersucht sollen sie sich hüten; doch sollen sie auch ja nicht ihnen durch die Finger sehn und dadurch Andern eine Handhabe zu bieten scheinen.

Von der Erziehung der Kinder.

Die Eltern sollen dazu thun dass die Kinder von Jugend auf im Glauben, in guten Sitten, in freien Künsten unterwiesen werden, damit sie nicht ewig hungrig und bedürftig bleiben, wie Sanct Augustinus in seiner Schrift über das selige Leben von dem Gemüte derer sagt, welche keine Kenntnisse haben erwerben können und nie von dem Brunnen guter Lehre geschöpft haben. Die Kinder sollen ermahnt werden dass sie nicht durch Reden, Sehen oder Hören sündigen; ihre Unvollkommenheit der Zunge bei der Aussprache gewisser Buchstaben sollen sie mit Verstand und Uebung zu überwinden suchen, wie Demosthenes es gethan hat. Sie sollen in Speise und Trank nicht übermässig sein; sie sollen sich in der Arbeit und im Ertragen mit Leib und Seele üben damit sie in kriegerischen und in bürgerlichen Pflichten tüchtig erfunden werden; Gott sollen sie lieben, Gott sollen sie fürchten; denn was wird einem von menschlichen Dingen heilig sein, dem die Gottheit verächtlich ist? Den göttlichen Namen sollen sie nicht lästern und nicht leicht bei Gott schwören dürfen, noch auch bei ihrer Seele, bei ihrer Treue, bei ihrem Eid; denn dadurch gewöhnen sie sich an den Meineid, indem sie durch das beständige Schwören zur Verachtung von Treu und Eid verführt werden, wie die Wälschen, welche stets bereit sind bei meiner Treu, *par ma foi*, zu sagen. Die Eltern sollen ihre Kinder lehren, dass sie Vater und Mutter, Priester und Alte ehren, vor ihnen aufstehn, Niemand herabsetzen, Niemand verspotten, Niemand verachten, auch Niemand mit Schelten oder Drohungen beleidigen; dass sie Gotteslästerung, Diebstahl, Lüge und Raub hassen, Niemand zum Sündigen behilflich seien, böse Gesellschaft meiden, Freundlichheit und Artigkeit lernen, hartnäckigen Eigensinn und Eigenwillen ablegen, Geschwätz und Müssiggang fliehen, dass sie mässig, demütig und nachgiebig sein, Hoffart verachten und von schändlichen Bildern nichts wissen wollen, ehrsame Genossen aufsuchen, ernste und bescheidene Rede lieben, ihre Hoffnung gar nicht auf Reichtum stellen, dass sie sich gern der Tugend und guter Angewöhnung zuwenden, Unkeuschheit und Eitelkeit lassen, die Gemütsbewegungen mässigen, ihr Leben nach dem Vorbild anderer bessern, denen, die sie tadeln, geduldig zuhören, anstatt der Spiele die Bücher, anstatt der Völlerei ehrbare Ergötzlichkeit, anstatt des Müssiggangs literarische Studien sich vornehmen, auf dass sie vor den Fremden, den Fürsten, auf den Reichstagen, vor Gesandten des Auslands sich selbst Lob, ihren Verwandten Freude und dem Strassburger Gemeinwesen für ewige Zeiten Ehre und Nutzen erwerben.

Von der Erziehung der Töchter.

Die Eltern sollen auch mit Sorgfalt ihre Töchter vom Umherschweifen, Hin- und Herlaufen, vom vielen Schwatzen, vom Müssiggang abhalten. Seien sie auch reich und vornehm, so sollen sie sie doch zur Handarbeit gewöhnen damit sie Ueppigkeit und böse Anfechtungen überwinden können. Man heisse sie sich ein Beispiel nehmen an den Töchtern des Octavianus Augustus und Karls des Grossen, von denen der eine der mächtigste unter den lateinischen, der andere unter den deutschen Kaisern war, und welche trotzdem ihre Töchter zu Frauenarbeiten anhielten. Denn ihnen beiden war die Unbeständigkeit des Glückes wohlbekannt, sowie auch die Menge und Grösse der Laster, zu denen der Müssiggang anreizt. Ja noch mehr sollen sie der allerheiligsten Jungfrau und Mutter Gottes nachfolgen, von welcher der heilige Hieronymus bezeugt dass sie im Tempel mit dem Weben sich beschäftigt habe. Es sei ihnen auch ein Vorbild die durchlauchtigste Herzogin Margareta von Baiern, die züchtige Hausfrau des Pfalzgrafen Philipp, welche von der Frauenarbeit, vom Zetteln, Weben, Nähen mit Wolle und Seide, vom Sticken mit Seide, niemals, so lange sie lebte, abliess und auch alle ihre Frauen dazu anhielt, wie allgemein bekannt ist, so dass sie damit Müssiggang und alle sinnliche Lust überwand. Es sollten sich die Töchter von Bürgern und Rittern nicht schämen noch verdriessen lassen das zu thun, wovon sie wissen können, dass die Frauen und Töchter der Kaiser und Fürsten es unermüdlich gethan haben.

Es ist ferner eine Pflicht der Eltern, welche ihre Kinder recht und christlich lieben, und mit ihnen einst im künftigen Leben ewige Freude zu geniessen hoffen, dass sie ihre Kinder in den zarten Jahren, da sie von der menschlichen Schwäche nichts wissen und die fleischlichen Gelüste, die Versuchungen der Welt noch nicht kennen gelernt haben, weder mit Schmeichelei noch mit Drohungen veranlassen oder zwingen in ein härteres Leben oder auf einen engeren Lebensweg zu treten, als Christus unser Gesetzgeber uns geboten hat. Denn wenn Vater und Mutter aus menschlicher Schwäche die Gebote Gottes, die doch leicht sind, kaum erfüllt haben, so ist es wohl von väterlicher Milde weit entfernt, die Kinder, die noch zart sind, namentlich gegen ihren Willen und Wunsch, mit grösseren Gelübden, Ratschlägen, Weihen und Verpflichtungen zu binden und an nichts anders zu denken, als wie man seiner Kinder entledigt werde und weiterhin keine oder sehr geringe Sorge für ihre Erziehung tragen müsse, ohne viel zu fragen, ob sie auch in guter Belehrung, in der Grundlage der Grammatik, in Tugenden, in Gottesfurcht, in der Befolgung der göttlichen Gebote täglich zunehmen und fortschreiten und nicht bösen Beispielen folgen. Der beschorene Kopf und die Kutte machen Niemand selig, der nicht auch die Gebote Gottes hält. Darum werden sehr unüberlegt, wie ich meine, die unschuldigen Mädchen zuweilen mit Gewalt zu den Stätten geführt, die kaum drei Schritte vom Frauenhause entfernt sind. Von den Eltern, die solches thun, mag man urteilen, sie sehen es lieber dass ihre Töchter Buhlerinnen, als dass sie der anderen Kinder Miterben seien; und während sie an irdischem und zeitlichem Gute Schaden zu erleiden fürchten, oder eine niedrige Verehlichung ihrer Kinder vermeiden wollen, stürzen sie sich und ihre Kinder in weit schlimmere Beschädigung der Seelen und in eine ewige Befleckung des ganzen Geschlechts.

Worin die Söhne der Adlichen und Bürger unterrichtet werden sollen.

Aber für die Söhne, welche noch zart und unerwachsen sind und deshalb zur Ritterschaft, zum Kaufmannsgewerbe, zur Thätigkeit im Gemeinwesen noch nicht taugen, wäre es das Nützlichste, wenn sie in der lateinischen Sprache unterrichtet würden, damit sie die Historien des Valerius und Sallustius verstehn lernten, damit sie die gute Verwaltung eines Hauses oder einer Stadt aus Egidius sich aneigneten, gute Sitten aus Vergerius, und, wenn sie reifer geworden, mässig zu leben aus Seneca, die andern Tugenden aus Tullius, die Kriegskunst aus Vegetius, die Feldzugsführung aus Fronto, die Baukunst aus Vitruvius, Ackerbau und Landleben aus Varro, Palladius und Petrus von Bologna[53]. Das alles und mehr als das könnte (wie oben bemerkt) in einem besondern Gymnasium, das in dieser Stadt dazu errichtet würde, mit geringen Kosten, leichter Mühe und in kurzer Zeit gelehrt werden und so dass die Kinder in der Stadt blieben und bei ihren Eltern oder Verwandten wohnten; und es müsste nur eine kurze und brauchbare Anleitung den Lehrern gegeben werden, welche sie eidlich versprechen müssten sorgfältig zu beobachten und durchaus nicht zu verlassen. Die Lehrmeister der lateinischen Schule sollten in der Redekunst, in der Geschichte und Sittenlehre tüchtig durchgebildet sein, auch in Leben und Sitte wohlbewährt, sanftmütig, ernsthaft, nicht zum Prügeln geneigt. Solche allezeit zu bekommen, daran soll diese edle Stadt nicht zweifeln, indem so viele hohe Schulen in Deutschland sind, auf denen man geschickte Leute wohl finden kann. Das wäre besser, ehrenvoller, nützlicher, löblicher für eure Söhne, ihre Freunde und die ganze Stadt, als dass sie noch nicht, oder kaum fünfzehn Jahre alt sich selbst überlassen müssig leben, in Kleidung, Rede, Benehmen und Haartracht alle Ueppigkeit sich aneignen, in den Barbierstuben liegen (um nicht zu reden von den Käfichen und Pferchen der Buhlerinnen) oder in den offenen Weinhäusern, bei Spiel und Völlerei, und an Leib und Seele, Gut und Ehre verderben und zu Grunde gehn, wie das Vieh, dem Bauch und dem Fleisch unterthan, ohne eine Spur von Tüchtigkeit. So ein guter und unerfahrener Jüngling, der zum lernen nicht angehalten wird und von den edlen Wissenschaften fern bleibt, lebt wie ein Tier, stirbt wie ein Tier; hat weder sich selbst Nutzen, noch seinem Geschlechte Ehre, noch eurem Gemeinwesen Vorteil gebracht; und wenn er gestorben ist, kann man mit Wahrheit nur sagen dass er ein guter Trinkgenosse und Zecher war: er hat gespielt, getrunken, und ist ein grosser Buhler gewesen.

Zwei Dinge werden zu Strassburgs Glück beitragen, von denen Doctor Johannes Kaisersberg, euer weiser und redlicher Prediger, das eine oft in seinen Predigten erwähnt hat:

Wenn eure Söhne (denen doch die Natur Verstand gegeben hat) in den Jahren, in denen sie zum Kaufmannsgewerbe, zur Ritterschaft, zur Verehlichung noch nicht alt genug sind, in ein Gymnasium geschickt werden; und ferner, wenn die täglichen Schmausereien auf den offenen Stuben vermindert werden, dass die guten Bürger und insbesondere die Handwerksleute nicht ihre unwiderbringliche Zeit und das Geld auf dem Spielbrette verlieren und nicht jeder für sich an einem Tag so viel verzehren, als ihnen selbst mit Weib und Kind an zwei Tagen daheim zur Nahrung genügte. — Dann würde ich wohl hoffen dass euer Gemeinwesen vor allen andern Städten Deutschlands glücklich werden sollte; ja eine Zierde Deutschlands und eine Krone des Reiches würde es mit Recht heissen, welcher keine andre Stadt oder Gemeinde, welche es auch wäre, sich so leicht an die Seite zu stellen wagen könnte.

Die Vorzüge der Stadt Strassburg.

Denn wahrlich, was zum äussern Wohlstand einer Stadt gehört, darin sieht man eure Stadt weit bevorzugt und vor allen anderen reich: mit Kirchen,

Kapellen, Heiligtümern, Spitalen, Klöstern, mit einer herrlichen Domkirche, mit berühmten Stiftern, Büchersammlungen, hochgelehrten Männern, mit den Bauschulen der Brüder von den Bettelorden, mit Fernhaltung der Juden, mit köstlichen Gebäuden, schönen Gassen und Plätzen, mit Zinnen, Gräben, Türmen, Zwingern, Bollwerken, Wällen, Allmenden, Vorstädten, Werken, Kriegsmaschinen, Waffen, Rossen, Geschütz, Büchsen, Wachen; mit Adel, Ritterschaft, Blüte der Handwerke, Ruhm des Scharfsinns wegen der hier erfundenen Buchdruckerei (obschon sie zu Mainz ist vervollkommnet worden); mit gesundem und mildem Himmelsstrich, mit sanftwehenden Winden, mit wunderbarer Fülle des Wassers, mit allgemeiner Freiheit zu jagen und Vögel zu fangen, mit Fruchtbarkeit des Bodens, mit Reichtum an Fischen; mit Waiden, Matten, Gärten, Auen, Fischplätzen, Weihern; mit zahmem Vieh, Wildpret, Korn, Wein, Frucht, Geldreichtum; mit dem Staatsschatz auf dem Pfennigturm, mit Kaufmannschaft, Zöllen, Ungeld, Abgaben; einem vorzüglich schönen Fischmarkt, mit Bergen, Schlössern, Land und Leuten, Städten und Dörfern.

Auf welche Weise Gott und seine Mutter diese Stadt beschirmen werden.

Wenn nun dies alles von eurer Stadt nicht zu unziemlicher Ueppigkeit, sondern zu ehrbarem Unterhalte gebraucht wird, wenn sie Gott (von dem sie dies alles empfangen hat) dafür dankt und ihm dient und seine Gebote befolgt, so wird Gott über euer Gemeinwesen wachsame Obhut halten und euch gnädig sein, und seine mildgesinnte Mutter, unsere liebe Frau, wird euch um so leichter ihren Sohn geneigt machen. Denn diese Mutter bittet nicht für die, welche dem Willen ihres Sohnes widerstreben und sein Gebot verachten. Darum, auf dass ihr auf Erhörung bei dem Sohn und der Mutter, eurer Fürbitterin, vertrauen könnet, übergebt eure Söhne der Lehre und der Tugend, haltet euch und eure Kinder fern von Ueppigkeit und Schmauserei, die zum Tode führen und deren Lust mit dem Leibe vergeht. Liebet Ehrbarkeit, Mässigkeit und Sanftmut, nehmet euch vor die göttlichen Gebote zu erfüllen. Dann wird die Mutter des Herrn das Volk und die Stadt unter ihren Armen, mit ihren Fürbitten beschirmen, wie ihr auf eurem grossen Siegel habt diesen Vers eingraben lassen: «Jungfrau, bitte dein Kind dass es Stadt und Bürger behüte!»

Ehrenfeste Herren Meister und Räte, diese Betrachtungen habe ich eurer weisen Ueberlegung übergeben und sie eurem gerechten Urteil und der genausten Prüfung eurer gelehrten Mitbrüder, der Herren Jacob Merschwyn und Sebastian Brant zur Verbesserung vorgelegt. Möge denn auch eure Milde sie nicht in dem Sinne aufnehmen, als ob ich euch, weise Herren, zu belehren gedächte (was ja von mir die höchste Thorheit sein würde), sondern so dass ihr meine unverbrüchliche Treue und glühende Liebe zu eurem Gemeinwesen erkennen möget, weshalb ich von eurer Güte erwarte dass ihr es nicht übel aufnehmen werdet, wenn ich um euren Ruhm und eure Freiheit zu verherrlichen und in der ganzen Christenheit zu verkünden, jene Betrachtungen eurem treuen Bürger Johannes Prüss zum Drucke zu übergeben mich nicht geweigert habe. Dass ich aber von einer guten Regierung, von Eintracht, von Gerechtigkeit, von Klugheit und anderen Tugenden geschrieben habe, ist wahrlich nicht in der Meinung geschehn, als ob ich glaubte, dass eure weise Leitung und Verwaltung ihrer ermangeln, sondern ich habe es im Allgemeinen erwähnt, um zu zeigen dass diese Dinge allen Städten und Gemeinwesen notwendig sind; zugleich auch für eure Kinder und Kindeskinder, welche, wenn sie in zarter Jugend dies lesen, später zu Männern herangewachsen, erkennen werden, dass ihnen dies keinen Schaden gebracht.

Anhang.

Erklärung Jacob Wimpfelings zur Besänftigung seines Widersachers.

Nicht sehr bekümmern wir uns um den Namen unseres Vaterlandes. Aber dass unsere Väter, Grossväter und Urgrossväter, unsere Vorfahren und Ahnen Deutsche oder Alemannen gewesen sind, dass sie deutsch gesprochen, deutsche Sitten gehabt haben, das ist uns lieber als dass wir von den Galliern abstammen sollen.

Es waren nämlich von den Zeiten Octavians an im Elsass oder vielmehr Helvetien Alemannen, Deutsche. Also konnte dies Land ein Teil Alemanniens, Deutschlands oder Germaniens genannt werden. Das Vorhergesagte erhellt aus Sueton, im Leben des Augustus, ein Capitel von den durch ihn bezwungenen Provinzen. Die Schlussfolgerung wird dadurch erwiesen, dass die Länder nach ihren Einwohnern benannt werden müssen, mit denen auch die Ländernamen wechseln. So geschah es mit Grossgriechenland, Anglien, Helvetien, dem cisalpinischen

Gallien, Pannonien mit Illyricum, welche jetzt zu unserer Zeit andere Namen tragen, nämlich Sicilien, Britannien, Elsass, Ungarn oder Oestreich, Sclavonien. So konnte auch das Elsass, welches von Julius Cäsar Gallien zugerechnet wird, inzwischen ein Teil Alemanniens genannt werden. Dem pflichtet Aulus Gellius bei, im 14. Buch, am Ende des 6. Capitels.

Plinius, Buch 4, Cap. 17, am Schluss sagt: Von den Völkern Germaniens, welche am Rhein wohnen, gehören zu derselben Provinz die Nemeter und Vangionen; also hat er die Speirer und Wormser den Deutschen beigezählt.

Cornelius Tacitus, über die Lage Germaniens,

Ammianus Marcellinus im Leben des Julian,

Franciscus Petrarcha,

Herrmann vom Orden des h. Franciscus,

Blondus,

Eneas Sylvius in seiner Europa,

Ptolomäus:

sie nennen ausdrücklich die Städte am Rhein und im Elsass unter den Ortschaften Germaniens.

Die apostolische Kammer, die eifrigste Hüterin alles alten Herkommens, hat unter die Metropolen Deutschlands auch die Mainzer, Trierer und Kölner aufgenommen. Nicht weniger aber weiss die apostolische Kammer die Länder und ihre Namen zu unterscheiden, als der Frater Thomas Murner. Wenn der Pabst seine Legaten nach Alemannien schickt, so schickt er sie auch in die Diocesen von Basel, Speier, Mainz und die übrigen, die auf dieser Seite des Rheins liegen. Andre Legaten aber schickt er nach Gallien. Wenn also die römische Kirche nicht der Ansicht wäre, dass unser elsässisches Gebiet zu Alemannien oder Deutschland gehöre, so wären viele von unseren Landesgenossen betrogen, welche Ablass, Dispens, Anwartschaft auf geistliche Stellen von Raimund, dem Legaten für Deutschland erlangt haben. Denn die Berechtigung des Legaten erstreckt sich nur auf die Provinzen, in welche er vom Pabst gesandt ist. Sind wir hier also nicht in Deutschland, so haben wir umsonst unser Geld hingegeben und sind elend betrogen worden, weil wir es dem gegeben haben, der der Legat für Deutschland und nicht für Gallien ist[54].

Die authentische Glosse zu den Decretalen in dem einen Capitel über die Salbung sagt, dass Marcialis (den wir mit einem andern Namen Maternus nennen) sei vom heiligen Petrus nach Deutschland geschickt worden, dort gestorben und mit dem Stab des Apostels berührt wieder auferstanden. Das geschah, wie man glaubt, in der Strassburger Diöcese, zwei Meilen von Schlettstadt bei Bennfeld; und man liest nirgends dass Maternus über den Rhein nach Schwaben gegangen wäre, vielmehr dass er bei den Trierern und Kölnern blieb. Nun hat aber F. Thomas Murner nicht mehr Autorität als die Glossen zu den Decretalen.

Der Kaiser sagt dass die Agrippinenser, d. h. die Kölner in Niedergermanien italisches Recht besitzen, wie man bei den Rechtslehrern findet im B. 1. über die Abgaben.

Das Alter der deutschen Namen bezeugt es. Denn die Namen der Städte und Dörfer im Elsass klingen nicht französisch, sondern deutsch, wie Kaysersberg, Kestenholz, Hagenau, Weissenburg und so die übrigen fast alle.

Auch der Mangel an französischen Denkmälern und Inschriften (wovon man keine einzige bei uns findet) bekräftigt unsere Ansicht. Denn wenn vor hundert, zweihundert, dreihundert, vierhundert, sechshundert Jahren Franzosen im Elsass gewohnt hätten, Leute, die französisch sprachen: wie hätte die französische Sprache in Vergessenheit geraten, begraben werden können ohne irgend eine Spur zu hinterlassen? Wo sind die französischen Bücher geblieben, wo die Briefe oder ihre Abschriften? Wo sind die Vertragsurkunden geblieben für Lehns- und bürgerliche Geschäfte, wie doch bei uns Denkmäler der deutschen und lateinischen Sprache seit beinahe tausend Jahren sich vorfinden. Also so viele Jahre waren Deutsche hier, die deutsch sprachen und deutsche Art an sich hatten. Wir halten nicht so sehr am Worte selbst, ob Deutschland oder Frankreich, als eben an der Sache, an den Menschen, an ihren Sitten, Tugenden und ihrer Redlichkeit, wie man sie den Deutschen, den Alemannen zuerkennt.

Die Kurfürsten haben seit vielen Jahren nur deutsche Fürsten zu römischen Königen erwählt, und doch wählten sie Rudolph von Habsburg und die Grafen von Luxemburg, die alle auf dieser Seite des Rheins nach Frankreich zu geboren und erzogen waren und hier ihre Heimat hatten : wären sie Franzosen gewesen, so glaube ich kaum, dass sie gewählt worden wären.

Der Herzog Karl von Burgund, der ehedem die Lande an diesem Ufer des Rheins besass, schrieb an die Kurfürsten, er sei ein Deutscher und wolle so heissen. Und ohne Zweifel hatte er Leute bei sich, die nicht weniger gelehrt waren als Frater Thomas Murner sein mag.

Besançon, Dôle, Toul, die Stadt Metz erkennen die Herrschaft der Römer oder Deutschen an, obschon sie dem wirklichen Frankreich näher liegen. Warum sollten also die Städte unseres Vaterlandes, d. h. des Elsasses, sich nicht zum deutschen Reiche bekennen?

Lupold *de translatione imperii,*
Jo. Nider im *Formicarius,*
Jo. Campanus in seiner Regensburger Rede,
der *Dictionarius breviloquus,*
Sebastian Murrho,
Johannes Reuchlin,
Conrad Celtis :

sie setzen die Städte unseres Vaterlandes in Alemannien oder Deutschland an; und diese sieben haben wohl ziemlich ebensoviel in den Geschichtsbüchern, in der Weltbeschreibung, in den Altertümern gelesen, als Frater Thomas Murner.

Dass Karl der Grosse ein Deutscher war, bezeugt Blondus in seinen Decaden,

Der h. Thomas *de regimine principum,*

Platina im Leben Hadrians I,

Innocenz III. im Cap. *Venerabilem* über die Wahl,

Hermann der Minorit,

Lupold *de zelo principum Germanorum,*

Eneas Sylvius in seiner Europa und im Briefe an Johannes Hinderbach, welcher mit den Worten anfängt: *Querere multi solent,*

die deutschen Chroniken.

Diesen allen, denke ich, muss man nicht weniger glauben, als dem Frater Thomas Murner.

Widerlegung.

Dass aber Julius Cäsar oder irgend ein anderer dies unser Vaterland Gallien zurechnete, that er deswegen, weil in seinem Zeitalter man nicht passender die Länder unterscheiden konnte, als nach den Flüssen, und so hat er durch den Rhein Gallien von Germanien abgegrenzt. Inzwischen aber sind von Augustus Alemannen hieher versetzt und angesiedelt worden, echte Deutsche, nach denen den Namen abzuändern ganz recht war. Denn jetzt ist es auch sonst leichter geworden Elsass und Frankreich zu unterscheiden, weil die Länder nicht mehr so wüste, unbebaut und unbewohnt sind. Denn dazwischen liegt noch Austrasien, das Westreich, die Vogesen und die übrigen hohen Berge, ja Lothringen selbst und die anderen Länder.

Es blühe also und wachse im Elsass (oder sagen wir lieber Helvetien) römischen Reiches Freiheit und deutsche Tüchtigkeit.

Ende.

Anmerkungen.

(Den als Einleitung abgedruckten Aufsatz habe ich bereits im Januar d. J. in der *Elsass-Lothringischen Zeitung* veröffentlicht.)

1 Auch diesen Abschnitt der elsässischen Cultur- und Litteraturgeschichte findet man auf Grund sorgfältiger Forschung und in höchst anziehender Form dargestellt in der Geschichte des Elsasses von O. Lorenz und W. Scherer, 2. Aufl., Berlin 1872, Cap. 9 u. 10. Die gründlichste Einführung in alle Einzelnheiten der elsässischen Humanistenzeit gewährt *Charles Schmidt*, *Histoire littéraire de l'Alsace à la fin du XVe et au commencement du XVIe siècle, II vol., Paris et Strasbourg 1879*; doch musste gerade in Bezug auf Wimpfeling von der Auffassung Schmidts abgewichen werden. Das Material für die besondere Geschichte Wimpfelings lag grossenteils schon vor bei (Riegger) *Amœnitates literariæ Friburgenses, fasc. II et III, Ulmæ 1776.* Von ungedrucktem Material habe ich, abgesehen von den im Thomasstifte erhaltenen Acten, welche Hr. Prof. Cunitz mir freundlichst zugänglich machte, zwei Sammelhandschriften benutzt, in denen Briefe und Gedichte Wimpfelings, sowie damit in Beziehung stehende Schriftstücke enthalten sind. Die eine besitzt Herr Pastor Dr. Mönckeberg in Hamburg, welchem ich für die gütige Gewährung meiner Bitte die Hs. hier benutzen zu dürfen, jetzt auch öffentlich von Herzen danke. Auf diese Hs. hat Lappenberg in seiner Ausgabe von Dr. Thomas Murners Eulenspiegel, Leipzig 1854, S. 421, hingewiesen. Es ist eine Papierhandschrift in 4°, in welche auch der Druck von Wimpfelings Rede *De sancto spiritu* und seine *Querulosa excusatio ad Julium II Pontificem*

max. mit eingebunden ist. Im Uebrigen ist die Hs. von sehr verschiedenen Händen geschrieben, z. t. von Wimpfeling selbst. Voran geht von seiner Hand ein Inhaltsverzeichnis. Die meisten Schriftstücke beziehen sich auf die Citation nach Rom; andere sind Privatbriefe Wimpfelings, worin er mehrfach Freunde zur Bewahrung der priesterlichen Keuschheit ermahnt. Auch ein paar Verse sind eingetragen, auf Murner bezüglich die folgenden, welche teilweise durch Ausstreichen unleserlich gemacht sind.

Ad . . . . . .
Cur magis affectas . . . . . laudes et honores
Quam χρι matris o . . . .
Cujus opem speras marie (dic mihi thome)
Dum claudent oculos aspera fata tuos

Vaticinium future reformacionis cenobii minorum Argentinensium occasione F. T. Murner.

Audi: ego sum vates tibi, mi fratercule Thoma,
Si verum dici tu paciare tibi.
Insolitum capitis tegimen, preciosa cuculla,
Ambicio, levitas, lingua, chorea, furor
Ansam perfecte prebebunt relligioni,
Purgabitque tuam regula sancta domum.

Die andere Handschrift ist eine kürzlich von der hiesigen Landes- und Universitätsbibliothek erworbene und von Hrn. Prof. Barack mir gütigst mitgeteilte Papierhs. in klein 4°; eigentlich ein Stück aus einem grösseren Band, wie die Bezifferung der Blätter (287—296) ergibt. Ueberschrift und Inhaltsübersicht lauten:

Apologia Amicorum Jacobi Wimpfel. Sletstadini
Ad Danielum Zanckenrud (?) Memmingensem theologum Salassum.
Epla. Jac. Wympffl. Sletst. ad Joh. Keysersb.
Responsio eiusdem.
Epla. Jac. Wympffl. ad quendam religiosum.
Responsio eiusdem.
Epla. Ja. W. ad facultatem Heydelberg.
Sermo Ja. W. in IX propositiones redactus.

Verba Danielis quibus inuexit in Jaco. W.
Expurgatio Ja. Wympflingi missa decano facl. theologiæ.
Epla. Ja. Wympflingi missa Danieli.
Confirmacio et exaggeracio dictorum a Jaco. Wympflingio.
Carmina in aquis grani scripta que adstipulantur wymphelingio.
Tersissimum deuotissimumque nostratis Rhabani dystichon Ja. W. sententie itidem suffragans.
Epla. Jo. Keysersberg. ad Ja. W. ut omnibus posthabitis totum se dei seruicio dedicet.
Epla. Thome Wolfii junioris de lucubratiunculis Ja. W.
Epitafium in quendam apostatam.

Die beiden letztgenannten Stücke fehlen in der Hs. Offenbar ist es eine zur Veröffentlichung bestimmte, aber meines Wissens nicht zum Drucke gelangte Sammlung. Der Streit gegen Daniel bezog sich darauf dass der leztere die Passion unwürdig dargestellt und z. B. behauptet hatte, dass Christus nackt am Kreuze gehangen. Auch geiselte W. die schwäbische Sprache seines Gegners. Einiges ist in die Epistola J. W. *de inepta et superflua verborum resolucione* 1505 aufgenommen. (Riegger S. 225.) Die datierten Briefe der Sammlung gehören in die Zeit von 1497—1500.

[2] Bernhard Schwarz, Jacob Wimpfeling, der Altvater des deutschen Schulwesens, Gotha 1875.

[3] Gedruckt im Directorium statuum seu verius Tribulacio seculi (Strassburg 1489).

[4] Stilpho Jacobi Wimpfelingii Sletstadini, s. l. anno Christi impressum M.CCCC.XCV. Ein Facsimiledruck ist von Scherer in Aussicht gestellt worden.

[5] Einen hierauf bezüglichen Brief Wimpfelings veröffentlichte ich in der Zeitschrift für Kirchengeschichte von Brieger.

[6] S. Riegger, S. 306.

[7] Hierauf bezieht sich folgender Brief in der Strassburger Sammelhandschrift:

Johannes Keyssersberg Jacobo Wimpffl. Sletz. s. d. p. Tempus est, mi Jacobe, ut convertamus nos toto corde ad eum qui est deus cordis nostri, ei cogitatione et aviditate inherendo, eius voluntati in omnibus et per omnia parendo. Hoc plane non erit nisi abstrahamur ab hijs que deus non sunt. Quantum a creaturis cor evacuerimus, tandumdem deo implebimur: sicut nos in natura ita et in gratia (?) puto vacuam fore impus^te^ (?). Qui volt post me venire abneget semet ipsum et sequatur me. Quid putas abnegacio hec sit aliud quam suimet ipsius relictio i. e. non querere que sua sunt i. e. non vivere sibi i. e. non sue voluntati: tunc nos sequi et consequi poterimus christum veritatem deum cordis nostri. Igitur linquentes nos inveniemus nos. Puto ego mirum in modum nos impediri per evagationem sensuum et cogitationum intus et extra, quibus detinemur in rebus aliorum sed et in nobis ipsis ita ut extra nos non recedamus et quasi congelati vel apcius cum psalmista coagulati cordis aput nos et que nostra sunt resideamus. Inde fit ut quod idem psalmista subjungit a nobis non fit: ego vero legem tuam meditatus sum. loquor quod non sine dolore et erubescentia experior, et omnes alios ne in eam maledictionem cadant libenter commonefacio. Dico audacter, quod eorum ipsa quottidiana de divinis predicatio et lectio, si fiunt sine meditatione et affectione et diligenti jugique virtutum exercitio, cor durum et coagulatum non auffert, sed ferim (ferum?) carnalem animalem relinquunt, stolidum, ad diuina insensibilem, sui ipsius ignarum, quippe qui nihil minus quam nostrum statim (statum?) pocius casum consideramus, radios cogitationum nostrarum alio digerimus. ad nos ipsos raro (si tamen aliquando) deflectamus. ve michi qui me tanto tempore et tam vehementi studio in docendis aliis me neglecto occupaui! Jam sero nimis damnum experiemus. Si sic, carissime frater, accidit in exercitio diuinarum litterarum, quid putas, si jugiter in versibus gentilium versati fuerimus. que res quantum capiat intellectum et affectum hoc nemo est qui melius te calleat. Itaque admodum placet quod liberare te statuisti et te ex pistrino hoc ereptum ire. Ego itidem statui et eiusdem voti sumus quamuis diversimode. Ego animo nihil laboris apponam colligendi predicationes. sed que predicaui jam annis multis resumere et denuo predicare in ordinemque debitum quantum michi dominus dederit redigere, et hoc quod solent naute litori appropinquantes remos et alia vasa nautica retrahentes comportantes et componentes facere. Ex argentina VI februarii anno 1500.

8 Für die Stimmung Geilers und Wimpfelings über diese Vereitelung ihrer Pläne gibt ein Brief Auskunft der in Möncke-bergs Hs. sich findet:

(Ueberschrift in Mönckebergs Hs. von der Hand Wimpfelings: Christophoro de Vtenheym Basiliensis ecclesie administratori consulenti Wympfelingium si episcopatum sibi oblatum debeat acceptare Rdet wymph.)

Quamquam sublimitas tua sit mihi et instituto meo (propter quod dimisi beneficia omnia) non parum adversa, tamen ob amplificationem episcopatus, ob pium regimen cleri et populi (quod te habiturum confido) minus me angit status mei mutacio et calamitas qua premor. Ego enim in hac re non assentior usque quaque preceptori meo Keiserspergio qui syncere dissuadet episcopatum assumi, propterea quod omnis reformacio desperatur, et si fiat recuperacio terrenarum opum, ait eam (die beiden Wörter sind undeutlich) dari successoribus ad luxuriandum: hec et his similia ex eo audivi. Verum cum tu per hostium intrabis electus canonice, cum ex pio affectu (sicut non dubito), ut prosis non ut presis, assumpturus es, dominus deus in residuis cooperabitur...

9 Herausgegeben u. a. in D. E. R. Epistola: Imago reipublicæ Argentinensis contemplandam atque imitandam juventuti exhibet Johannes Michael Moscherosch. Argentorati typis Mülbianis MDC.XLIIX.

10 Ueber diese Fehde bringt jetzt Crecelius in Birlingers Alemania XII (Bonn 1884) S. 44—52 manches Neue.

11 Neudruck: Oratio vulgi ad deum op. max. pro ecclesia catholica et Romana (1517). Perrarus Jacobi Wimphelingii

libellus iterum editus juxta exemplar bibliothecæ Selestadiensis (Strassburg, C. F. Schmidt — F. Bull — 1880). Dass gerade die Schäden der Mainzer Diöcese von Wimpfeling aufgedeckt werden, mag teilweise dadurch veranlasst sein, dass der Erzbischof von Mainz damals in Beziehungen zum französischen Hofe stand, welche Wimpfeling, als begeisterter Anhänger des Kaisers, sehr anstössig finden musste.

[12] So berichtet Wimpfeling selbst in einem Briefe vom 11. Nov. 1524, dessen Abschrift im Thomasarchiv vorliegt.

[13] Neudruck mit Einleitung von Albrecht: Strassburger Studien II 1 ff. (1883).

[14] Nach einem in Basel erhaltenen Exemplar beschrieben von Ludwig Sieber: Beiträge zur vaterländischen Geschichte, herausgeg. von der historischen Gesellschaft in Basel 1876, 273 ff.

[15] Ein Originalbrief Murners in dieser Angelegenheit ist im Thomasarchiv erhalten und von Th. v. Liebenau im Baseler Jahrbuch hg. von H. Boos I 1879, S. 100, veröffentlicht worden.

[16] Die auf die Germania bezügliche Literatur umfasst folgende Druckschriften:

A. *a*) Declamatio Philippi beroaldi de tribus fratribus. ebrioso: scortatore et lusore. Germania Jacobi Wimpffelingii ad Rempublicam Argentinensem. Ad universitatem heydelbergensem Oratio Ja. Wimpfe. S. de annuntiatione angelica. (am Schluss: Impressa per industrium Johannem prüss Ciuem Argentinensem. Tredecimo kalendas Januarii. Anno millesimo quingentesimo primo). 4°.

b) Jacobi Wimphelingii cis Rhenum Germania recusa post CXLVIII. annos, Editore Johan. Mich. Moscherosch. Argentorati Impensa Editoris Excudebat Johannes Pickel. Anno M.DC.XLIX. 4°.

c) Jacobi Wimpfelingii Germania ad Rempublicam Argentinensem. Thomæ Murneri ad Rempublicam Argentinam Germania nova. (Genève, G. Fick 1874 — Argentorati Libraria academica C. F. Schmidt, Fried. Bull successor. MDCCCLXXIV). 4°.

B. Tutschland Jacob Wympfflingers von Slettstatt / Zu Ere der Statt Strassburg Vnd des Rinstroms. Jetzo nach 147 Jahren zum Truck gegeben durch Hanss Michel Moscherosch. Gedruckt zu Strassburg bei Johann Philip Mülben vnd Josias Städeln, 1648, 4°.

C. *a*) Thome Murner Argentini ordinis minorum sacre theologie baccalarii Cracoviensis ad rempublicam Argentinam Germania nova Oratio eiusdem ad capitulum provincie superioris Alemanie in Ecclesia maiori civitatis Solodorensis perorata. s. l. e. a. 4°. (so nach Schmidt Hist. litt. Bibliogr. Nr. 310).

b) Siehe **A.** *c*).

D. *a*) Declaratio Jacobi Wymphelingii ad mitigandum adversarium s. l. e. a.

b) Carolus Magnus Germanus hoc est Germaniam a Gallia per interfluentem Rhenum male dividi, declaratio Jacobi Wimphelingi. E bibliotheca Barptolomaei Agricolæ i. u. d. cum eiusdem notis marginalibus. Heidelbergæ, Typis Gotthardi Vœgelini (1615). 4°.

Die Vorrede von **D.** *b*) ist unterzeichnet: Bartholomæus Agricola, D. et diœceseos Oppenheimensis Propræfectus, 31. Nov. 1615. Agricola kennt nur die Declaratio, nicht die vorhergehende Schrift Wimpfelings. Nicht unwichtig sind seine Anführungen der von Wimpfeling angedeuteten Textstellen, mit Beifügung anderer, z. t. neuerer Autoren.

E. Defensio Germaniæ Jacobi Wimpfelingii quam frater Thomas Murner impugnavit. Epistola T. Wolfii Junioris D. D. ad F. Tho. Murner in defensionem Jacobi Wymphelingi. s. a.
(Am Schluss: Impressum FRIBV.) 4°.

F. In hoc libello hec continentur Versiculi Theodorici Gresmundi Legum Doctoris Epistola Thome Wolfii. iunioris. Decretorum Doct. Carmina Esticampiani Poete laureati Tetrastichon Jacobi Wimphelingi. Epistola Thome Murner. Lector eme et gaudebis. s. l. e. a. (Schluss : Joannes Strosack feliciter impressit). 4°.

G. Thome Murner Argentini diuinarum litterarum baccalaurii Gracouiensis ordinis minorum honestorum poematum condigna laudatio impudicorum vero miranda castigatio. N. Decretorum doctor HocEpulum Comede. Thomas Murner desiderio desideravi hoc pascha manducare vobiscum antequam patiar. Johannes Wœrnher Baro dominusque Jn Morsperg et Befordt ad Thomam Murner preceptorem suum Distichon. s. l. e. a. 4°.

Alle diese Drucke, mit Ausnahme von **C.** *a*) und **D.** *b*), finden sich auf der Universitäts- und Landesbibliothek zu Strassburg. **D.** *b*) erhielt ich durch die Güte der Heidelberger Bibliotheksverwaltung zur Einsicht.

17 Der sehr merkwürdige Brief Geilers, auf den sich Wimpfeling auch in seiner Klage über Geilers Tod bezieht, ist in Mönckebergs Hs. erhalten. Die Ueberschrift ist hier von Wimpfelings Hand.

Epistola Keiss. Alberto episcopo Argentinensi pro transferendo propemodum lupanari in ecclesiam collegiatam pro solis theologis et pacificis canonistis non concubinariis.

Venit superiore hebdomada, princeps illustris, ad dominum generosum decanum ecclesie Argentinensis, me presente, dominus Maternus, canonicus ecclesie sancti Steffani, cum duabus canonissis, rogantes, ut et ipsi visitarentur efficereturque, ne eis aliena preficeretur abbatissa, sed una ex eis eligeretur, aut si id tue magnificencie displiceret, in hoc consentire vellent, quod ecclesia collegiata illic eligeretur, dummodo eis pensio certa reservaretur. Id vigilantissime antistes, tibi patefacere curavi, quatenus animo revolveres, si non res hec honestissima foret quam (übergeschrieben cum) prostibulum hoc depopulatum iri contingeret. Non opus est ut spurcitias has tibi detegam quippe qui eas optime noveris. Olim dum coram te super his verbum fieret, respondisti et satis prudenter, nihil referre, si illic meretrices an nebulones residerent. Si enim collegium esset, concubinas tenerent. Prudenter inquam respondisti. Sed apparet mihi hec preveniri posse et tale erectum iri collegium, quod non ex nebulonibus, sed ex honestissimis doctissimisque viris constaret tibique et tue nobilissime progeniei decus et gloria eterna (commodum et utilitatem ut taceam). sed expectas que gloria sit quam dixerim inde tibi proventurum. Audi que dico. Hec est ecclesia tua Argentinensis, in nobilitate primatum tenens et super eam nulla in toto terrarum orbe, quod soli illustres illic canonicari possunt neque ab aliquo in nobilitate superatur. Si modo tua industria et auctoritate effectum fuerit quod in eadem ecclesia nemo nisi ex doctissimis canonicus fieri posset. Et sicut cathedralis ecclesia ex illustribus sic secundaria ex illuminatissimis constaret viris, ut sicut illis beata virgo Maria regali ex progenie exorta patrona refulget, sic istis Stephanus (cuius sapiencie et spiritui qui loquebatur resistere poterat nemo). Tunc gloria tibi erit nunc et in perpetuum coram omni populo quod nobilitati sapienciam coniunxeris. Credo te nihil deo acceptius populo tuo utilius anime tue salubrius in hac re efficere posse ubi etiam nihil episcopo pio emolumenti deperibit: ymmo plurimum magis ac magis accresceret. Personas autem tales in hoc collegio suscipi dumtaxat debere veniret statuendum, qui (quod ?) essent doctores duo tres aut quatuor in sacra theologia, totidem baccalaurei formati et aliqui juris canonici qui ibidem legerent in eisdem facultatibus et nihilominus ea perficerentur que cultus exigeret diuinus cum suo moderamine; quodque confestim ubi de concubinatu aliquis convictus fuisset eo ipso deponeretur. Aliaque statuta et ordinationes fierent que pro hoc negotio expedirent. Credo utique honestius hoc esse quam meretriculas quinque aut sex illic de patrimonio crucifixi nutriri in dedecus tocius clericalis status. Taceo quod necessarium esset valde doctos haberi in sacra theologia quia pauci (nachgetragen sunt) admodum qui huic studeant, multi autem aliis facultatibus dant operam et tamen periculum magnum imminet ecclesie propter theologorum secularium carenciam. Surgunt quippe indesinenter religiosi mendicantes contra clericos (nachgetragen et episcopos) et doctos habent in theologia. Quot autem ex secularibus sint, qui eis in faciem resistere audeant velint vel possint nemo est qui nesciat. Multa occurrunt super hoc scribenda que in presentiarum obmitto. Hoc tamen scribere volui ut tue illustri magnificencia occasionem super hec cogitandi prestarem: scio quod mihi sole clarius illucet nihil divinius gloriosius salubrius meliusque fieri posse quam lupanar demoliri et domum lucis et sapiencie erigi. de hoc satis... (Schluss fehlt.)

18 S. den Brief Geilers über Brant bei J. Wencker, Apparatus et instructus Archivorum, Argentorati 1713, S. 22 : « er möcht auch alle Tag ein Stund lesen den Bürgers Sünen und sie hie leren, das sie in fremden Landen mit grossen Kosten erholen müsten, und ging alls in einem Sold zu ».

19 So berichtet Nicolaus Wimpfeling in einem Brief an Murner, welcher in die Defensio (Anm. 16 E.) aufgenommen ist.

20 Vergl. den Brief Wimpfelings an Murner in Anm. 41 Nr. 2.

21 Letztere sind abgedruckt bei Dacheux: *Un réformateur catholique à la fin du XVe siècle: Jean Geiler de Keysersberg. Étude sur sa vie et son temps. Paris et Strasbourg 1876, Pièces justificatives, I ss.*

22 Wenn Wimpfeling hinzufügt « oder besser Helvetien », so beruht dies auf einer Schrulle, die er sich aus den Schriften des Aeneas Sylvius angeeignet hatte.

23 Ueber die Lilie auf den Strassburger Münzen und im Wappen der französischen Könige verdanke ich der Güte des Hrn. Dr. Müller, welcher die Landesmünzsammlung geordnet hat und verwaltet, die folgende Auskunft. Zur Zeit Otto I. schon erscheinen, mit seinem oder dem Namen der Bischöfe, Strassburger Münzen, die ein rohes Bild des damaligen Münsters tragen, darüber oder darin eine Lilie. Die Hohlpfennige der Stadt, seit dem 13. Jahrhundert, haben zuerst einen Engel, dann einen Adlertypus, der dann früh in die Lilienform

übergeht. Auf den Siegeln der französischen Könige findet sich seit Robert, dem Sohne Hugo Capets, um 996 eine Lilie bald in der Hand des Herrschers, bald in den Zinken der Krone. Philipp II. hat 1180 eine einfache Lilie im Wappen, die durch Staubfäden noch besonders als solche gekennzeichnet ist; erst Karl V. hat 3 Lilien, die seitdem blieben. (Siebmacher-Hefner, Wappenbuch, Nürnberg 1857 ff.). In beiden Fällen, auf den Strassburger Münzen und im französischen Wappen deutet die Lilie, das Symbol der Reinheit, auf die Jungfrau Maria, welche in Strassburg Patronin des Münsters und der Stadt war. Aber ein Zusammenhang zwischen der Strassburger und der französischen Lilie besteht nicht; erstere ist überdies älter als die letztere. Vgl. auch L. Levrault, *Essai sur l'ancienne monnaie de Strasbourg* ([2] *1874*) *p. 254* «Pour Wimpfeling il dénie, *comme de raison*, toute origine française au lis de Strasbourg».

24 Wimpfeling beruft sich hier wohl auf das 1500 u. ö. zu Strassburg gedruckte Volksbuch von Hugschapler, welches Elisabeth von Nassau in der ersten Hälfte des 15. Jh. aus einem französischen in Tiraden abgefassten Roman übersetzt hatte: Wackernagel Litteraturgeschichte § 90, 239. Ueber das französische Original s. *Les anciens poëtes de la France V* (*Paris 1864*).

25 J. Marquardt, Römische Staatsverwaltung I (Handbuch der römischen Altertümer von Marquardt und Mommsen IV, Leipzig 1873) S. 120 ff. Sicher ist die selbständige Verwaltung der beiden Germanien allerdings erst nach der Abberufung des Germanicus 17 n. Chr.; sogar erst unter Trajan, nach Hettner in der Westdeutschen Zeitschrift II 1 ff. (Trier 1883).

26 S. Müllenhoffs Vorrede zu den von ihm und W. Scherer herausgegebenen Denkmälern deutscher Poesie und Prosa aus dem VIII. bis XII. Jahrh. Berlin 1863[2] 1873, und Scherer, Vorträge und Aufsätze, Berlin 1874, S. 45. 71.

27 S. die eben angeführten Denkmäler Nr. LXVII.

[28] Die Chroniken der deutschen Städte vom 14. bis ins 16. Jahrhundert. VIII. IX (Strassburg I. II.) Leipzig 1870, 1871; 1, S. 33 ff. 403. 2, 623 ff. 702 ff.

[29] Sigmund Riezler, Die literarischen Widersacher der Päbste zur Zeit Ludwigs des Baiern, Leipzig 1874, S. 107. 180. 302. Carl Müller, Der Kampf Ludwigs von Baiern mit der römischen Curie. I. II Tübingen 1879. 80. 1, 107 ff. 342 ff. 2, 83 ff. Vergleichen lässt sich übrigens schon die Politik Pabst Nicolaus I., die zur Kaiserkrönung Karls des Kahlen führte: R. Köpke Kl. Schr. 269.

[30] Lupoldus de iuribus et translatione imperii (Argentorati MD.VIII.) — Germanorum veterum principum zelus et fervor in christianam religionem deique ministros. 1497.

[31] Dieser Brief findet sich in den Miscellanea ex litteris ad D. Sebastianum Brant. (Abschrift des 17. Jh. Thomas Archiv.)

2 Secreta secretorum.

Ad defendendum Regem Ro: quem assentatores non solum fucelli tui emuli sed et seculares concionatores inter disseminandum Christi verbum dicuntur quotidie carpere utque hec nostra Respubl. si olim ei obiciatur quod huic se bello immiscuerit, habeat unde se facilius purget. Mitto tibi conceptum Germaniam qui mirando fato manus meas incidit. si per ocium licet. poteris relegere. et si nihil mali inde oriri aut a libello famoso secerni posse putas amicis qui tacere possunt impertire. Modo ne vnquam ex ore tuo audiat quispiam mortalium a quo tu receperis. Dicere poteris missum esse in ædes tuas, absente te. Vides ipse quantum hic sit periculi non modo corporis sed et animæ, sed et fame. Tibi autem confido. Vide ut mox hanc scedulam rumpas aut Vulcano tradas. Quodsi hic conceptus indignus lectu videbitur ipsum quoque e vestigio flammis inice, ut in cineres minutissimos redigatur. J. W.

Wer war der hier erwähnte Nebenbuhler Brant's, und was erstrebte er? Vor Brant war Dr. Jacob Weltzer Stadtsyndicus gewesen, aber 1493 wegen Forderung eines höheren Gehaltes entlassen worden. Stadtschreiber wurde Brant 1503, « als der alte Stadtschreiber, Johannes Münch von Schlettstadt, Alters und Unvermöglichkeit halben nicht mehr fortkommen noch den Geschäften abwarten konnte » (Wencker, App. Arch. S. 16). Die Ernennung Brant's zum Stadtsyndicus fand auf Hilarius (14. Januar) 1501 statt.

32 Der Druck bezeichnet sich als vollendet am 20. Dec. 1501.

33 S. Anm. 16 B. Die im folgenden gegebene Uebersetzung schliesst sich an Wimpfelings deutsche Schrift so nahe als möglich an, wenn sie auch z. B. den Ausdruck « Vähtschul » für Gymnasium vermeiden zu müssen glaubte. Auf diese deutsche Schrift bezieht sich doch wohl Wimpfeling, wenn er in seiner Diatriba i. w. s... De proba institucione puerorum in trivialibus et adolescentium in universalibus gymnasiis (Hagenau 1514), f. VII, sagt: Nos omnes quos iam meminerimus (preter Virgilium) arbitramur duobus aut tribus ad summum annis puero prima generum et inflectionum rudimenta consecuto tradi posse, dummodo etiam diebus (quibus labores serviles interdicti sunt) quantumcumque festis una saltem hora in studio consumeretur, id quod de instituendo pedagogio (uti vocant) ad inclytam rempublicam argentinensem (in vernacula tamen lingua) sumus exhortati.

34 T. W. Röhrich, Geschichte der Reformation im Elsass (Strassburg 1830), beruft sich 1, 89 Anm. deshalb auf ein Programm von Oberlin 1805; in demselben habe ich vergeblich nach der näheren Angabe gesucht.

35 Aurons Pfennig: Simrocks Ausgabe des Wartburgkriegs (Stuttgart und Augsburg 1858) Str. 115-131. Vgl. ebd. S. 292 ff.

36 Schilters Ausgabe der Chronik von Königshofen. S. 1128 ff.

37 Vgl. die von Timotheus Wilhelm Röhrich in seiner Geschichte der Reformation im Elsass. S. 60 Anm. angeführten Stellen; und Riegger 275. 360.

[38] Brief an Th. Wolf vom 1. März 1503: Riegger S. 224.

[39] Die zugleich gedruckte Rede Murners (Anm. 16 Ca) ist am 12. Juni zu Solothurn gehalten worden: Schmidt 1, 39. Ende August äussert sich Wimpfeling brieflich über die Nova Germania.

[40] Wander Sprichwörterlexicon 4, 553 führt an: « Wer sagt, grad sieben, der leugt gern » Petri II, 750. « Wer von sieben sagt, lügt gern »: er vergleicht noch Pistorius, Eisenhart, Meissner, Eiselein, Simrock. « Als men von söven sagt, so liegt men gern » Herzog Julius von Braunschweig, Von einem Wirte III, 5, in Hollands Ausgabe S. 319. Wander leitet das Sprichwort von den Reinigungszeugen ab, die ein schlechter Mensch leichter unter seiner Art in grösserer Anzahl finde, als ein ehrenhafter. War dieser Sinn noch in Murners Zeit verständlich, so musste sein Spott um so schwerer treffen.

[41] Ich teile diese Briefe nochmals mit, da sie von besonderer Wichtigkeit für den persönlichen Charakter des Streites sind. Sie finden sich teils a) in der Defensio (Nr. 1, 2, 3, 4 unvollständig), teils b) in den Versiculi (4), teils endlich c) in Lappenbergs Ausgabe des Eulenspiegel S. 422 (2; ebenda auch der Brief Murners an Geiler, auf den Nr. 2 Rücksicht nimmt und den ich deshalb auch als 2a wiederhole). Ueber die von Lappenberg benutzte Quelle, s. Anm. 1. Lappenberg S. 391 Anm. spricht auch von einer epistola Murners ad Wimpfelingium s. l. e. a., die sich auf der K. Staatsbibliothek zu München befinde; doch ist dies, wie ich aus dem zuvorkommendst übersandten Stücke ersehen konnte, nichts als ein Exemplar der Versiculi.

1) Thomas Murner Jacobo Wimpfelingio S. Haud absurda mente charissime pater atque magister optime in persona mihi te videre placuit. Estimabam Wympfelingium alium quam oculis aspexi virum omni humanitati deditum vitæ melioris: quare tuæ paternitati designo huius lucubratiunculе contra tuam germaniam me fuisse auctorem. Sint igitur sopita atque deleta quæ irato quamquam stilo posui: non tuam personam credens. Incompletam tamen materiam trans-

mitto. Sim tuus obsecro, magister optime: et me fidelissimum tibi capito. Ex edibus nostris feria quarta ante reminiscere. (26 Febr. 1502).

2 a) (Ueberschrift in *c* von Wimpfeling zugesetzt: Invectiua T. Murner ad Jo. Keisersbergium, quia phantastice sompniauit illum de se predicasse, cum neque eius personam, neque nomen, neque statum vnquam cognouisset.)

Tomas Murner Argentinus Joanni Keisersbergio, urbis Trebotine concionatori, se offert deuotissimum. Non possum non mirari vehementer, doctor egregie, neque mihi ipsi facilis persuadebo vestras me hactenus conciones non offendisse, singulari ad hoc studio instituto, virum utique et persone et doctrine vestre calidissimum promotorem, cum præter me sit nemo, qui Justiniani Cesaris Institutionum libros in tam creberrima (celeberrima *c*) variasset exercitationum commoda, per vos, me audiente, in propatulo viciata. Atque me auctore quascumque super angelorum materia applicationes ymaginari gloriosius fuisse edocuistis. Illa autem quid volunt? Profecto nihil credi protest, quam toruo Argentinos filios oculo paterna bona in plerisque studiorum achademiis defectasse suspicari. Transeo sensum vestre paternitatis, transeo libens, si paterna sit correctio. Id dumtaxat volui digna exoracione conscribendum de me insequentes sermones non spargere verba ne fabula in plebe constitutus paterna videar sine fructu bona dispensasse. Mallem, inquam, quam risus esse et paterna coniecturari bona inutili studio consumpsisse, in vos omni mentis conamine (quod ordinis obedientia sineret) et disputatione et scriptura, aduc autem et theutonico (ctheoloico?) furore atque angelorum questionibus personali indagine deseuire Argentinos, observo, vestros filios habetote, cum nos patronum veneremur. Ne autem minari videar parenti filius, denuo supplex rogo: petita exequamini. Ex studio nostro 1502.

2) (Ueberschrift in *c* von Wimpfelings Hand: Thome Murner Ja. Wimpfelingius Schlestatinus nomine Keisersbergii in sermonibus tum faciendis occupatissimi.)

Lectis hesterno vesperi litteris tuis ad Joannem Keyserspergium preceptorem (c p. meum) datis, cum is miraretur plurimum, quidnam sibi velint scripta tua, quippe qui neque vitam neque personam neque doctrinam sed neque nomen tuum plane cognovisse sese testabatur nec in animum suum vnquam descendisse de te loqui aut in te inuehere hominem sibi prorsus (fehlt c) incognitum, querebat ex me si ego te nossem. cum id affirmarem, aiebat literas tuas obscuras intellegentiam suam latere; anne ego eas caperem? cum legerem et relegerem, inueni eas mihi longe obscuriores, præsertim dum te scribis institutiones variasse in creberrima commoda, et deinde subdis, quod illa sint per Keyserspergium (te audiente) vitiata, quod sane in malam partem sonare videtur. Si tu instituta variasti in commoda, ubinam ille vitiauit? ille, inquam, qui omni fere contione persuadere nititur ad omnem legem, in .primis diuinam: deinde ad sanctissimas cæsareas (quæ ex nature fonte procedunt) obseruandas, utpote in vltimis voluntatibus ac testamentis (c non violandis): contraque plebiscitum hic emersit neminem supra (ultra c) quinque solidos denariorum in egritudinis lecto neque ad pias causas quidem (neque-quidem fehlt c) legare posse. Adiecisti hec verba: «atque me auctore quascumque super angelorum materia applicationes imaginari gloriosius fuisse edocuistis.» Edissere parabolam hanc, quid docuit Keiserspergius te auctore? (c fügt hinzu: Quæ angelorum applicationes gloriosius imaginari possunt?) Jacobus sum, non Oedipus (c edippus). Postremo suspicaris Keysersbergium toruo esse oculo in filios argentinos. Quis tibi hec falso suggessit? Quis magis vnquam dilexit Joannem Symler, Joannem Rot, Petrum Schottum viuentes et mortuos? Quis sincerius amat dominum Sebastianum Brant, Joannem Schottum, Joannem Lysium, doctorem Augustinensem, patrem Thomam Lamparter et reliquos multos hoc vno nostro Keisersbergio? (c fügt hinzu: Et ni fallor, tu non Argentine, sed in Ehenheim natus es ex patre olim calciatorum repetiatore, nunc autem causidico. Porro). Quis ardentius desiderat incrementum pubis argentine, qui una mecum cupiuit hic institui pro pueris prima rudimenta nactis separatas ab ecclesiis scolas, in quibus triennio aut ad summum quinquennio dociles ephœbi fundamenta docerentur omnis latine lingue, epistolarum scribendarum, hystoriarum morum et omnis honeste compositionis in versu et prosa. Quippe quibus in paucis annis ex poetis Virgilium aut Baptistam Mantuanum, ex oratoribus Tullium in officiis, ex hystoriis Salustium et Valerium Maximum plane ac perfecte boni preceptores tradere possent. Et quid adolescentie salubrius etiam si nunquam hanc urbem sit exitura?

Si tu liuorem aut odium arguis ex castigatione vitiorum, odio habet omnis maturus pater filios suos, odio habet matrona filias suas quas castigat, odio habuit Christus Judeos, et tu ipse (cum venia loquar) odio habes Argentinenses: quos heri (et bene) reprehendisti de inferendis avibus et inducendis canibus ad templa, et quod vxores non solum sperarent in mortem maritorum, sed et ad eam promouendam vota ad limina sanctorum emitterent: id quod tibi nonnullas in confessione detexisse affirmasti, quod te tacuisse mallem. (*c*: affirmasti: vtinam hoc verbum obticuisses!)

Quod vero vocas in certamen in furorem in seuitiam tuam (fehlt *c*) Keysersbergium virum magne fidei et maxime integritatis, nescio si id tuam iuuentam, tuam religionem, tuam quam professus es, regulam deceat. Neque Franciscus neque Bonauentura neque frater Daniel illud (*c* id) in te (credo) probarent. dicerent potius (ut coniecto): «Thoma, noli tantum virum flocci facere, qui non solum neothericos, sed et antiquissimos theologos lectitáuit; non solum theologos, sed et historiographos, sed moratissimos philosophos, sed oratores atque poetas, qui quinque fere lustris diurnos atque (*c* et) nocturnos labores fecit in contionibus ad populum Argentinensem, cuius honorem decus vtilitatem et præcipue animarum salutem ex toto corde desiderat. ætas, integritas, constantia, diuturni labores, veritas, zelus animarum, amor quem habet in rempublicam, caritas in pauperes, celeberrimum nomen, auctoritas apud exteros, studium, sapientia, virtus, castimonia, frugalitas et insignia magistralia prohibere debebant, ne tu, Thoma, tantum virum non absque contemptu in clamosam disceptationem prouocares.» Hec et huiusmodi, reor, tuum (si hodie in terris esset) Franciscum aut alios ordinis tui diuos ad te loquuturos. Vale et ab amico veritatem bono animo accipe. Nec deinceps tam facile de optimo viro male suspiceris. Ex cellula mea Heremitorii diui Guilhermi suburbani vrbis Helvetiorum Argentinensi. VII. Kal. Sextilis. anni 1502. (nec deinceps bis Schluss fehlt *c*).

3) Venisti ad me proxima quadragesima, colloquutus multa bibisti et manducasti mecum, omnem a me humanitatem accipiens: misisti paulo post ad me que concœperas contra Germaniam nostram cum literis quibus rogasti ut Vulcano omnia a te conficta traderem atque sepelirem. Manus tua propria hodie extat, multis per impressionem manifestanda. Libros a me petitos benigne tibi comodaui, immo tu ipse tantam apud me auctoritatem habuisti ut me absente ex mea bibliotheca Picum Mirandulanum manibus tuis asportare potueris. Super hec omnia contra famam et honorem meum, contra salutem patrie nostre, contra libertatem Argentinensium, contra Romanum imperium, Germaniam novam imprimi curavisti: tanquam ego non sim χρianus ut tu, non Heluetius vt tu, non Germanus vt tu &. non sacerdos vt tu, quamuis tu in .XIX. etatis anno (vt pater tuus mihi retulit) sacerdotio initiatus sis: prosit tibi ad salutem! Vellem autem hanc tuam videre dispensationem, qui pro his qui in XXIII. etatis anno sunt, et quidem religiosi non minus quam tu impetrare hanc facultatem a domino Raymundo vix tandem potui.

Excitasti canem dormientem. Cogor me defendere atque ita defendere vt tibi ambe aures tinniant, ut rubor in vultu spargatur, nisi conscientiam perdideris et in peccatis cum diabolo sis obstinatus. Invocabo Musas, implorabo historicos. Requiram omnes meos amicos, alumnos et discipulos. Citabo contra te testes Poloniam Cracouiam Pragam Germaniam et Galliam. Baccalaureum sacre pagine te gloriaris Cracouiensem. Cuius autoritate et licentia? Cur non Parisiis? cur non

Friburgi lauream accipisti? at si mutato habitu (uti confessus es), nonne in apostasie crimen incidisti? Contineo me iam hec et alia breuiter impressatum iri videbis. Indigne mihi hanc rem veterano ad suasum cuiuscunque rabule fecisti, qui non sum male meritus de Argentinensibus, qui plus sum Argentinensis quam tu, Argentine educatus patruos et patrueles hic habens. Argentinensium filios doctrina vtcunque excolui. Argentinensium rempublicam secretissime ante hac contra insidias premonui et auisaui qui eorum honorem et salutem et filiorum suorum (quam tu impugnas) quero, et queram quoad vixero. Garrias tu quicquid velis. Tu Keisersbergium, tu Vuympfelingium extinguere moliris: dominus deus assistet innocentie et integritati Keysersbergii. Me autem pro sua maxima clementia (licet spurcissimum peccatorem) spero conservabit. Ex cellula nostra. Kal. Septembris. Anno M.CCCCCII.

4) Thomas Murner Gallus et Germanus Wimpfelingio, Salutes tibi mittendas in crastinum distuli. Habes mea ut dicis in te conficta. scio charissime Jacobe. Sed videbis præsentem impressuram a prima confectione alienam. Sane videas ideo de novo compositam ob certas tuas iniurias quibus me lacessere non veritus. Minaris te velle contra me invocare celum et terram. fac quod potes ex omni pectoris nixu. Ego neque te neque tuos alumnos pro faba timeo. Scito igitur tantum me velle in tuam stulticiam exardescere vt necesse sit aut te aut me succumbere, rata fide promitto. Crastina tamen die tue veterane delirationi latius respondebo. Conaris mentiri me Keysersbergium viciasse : quod tanto a veritate alienum scio quantum cetera quoque mentitus. Fac igitur scito (Def. richtiger: cito) quod facere cupis: videbis et senties me non dormiuisse ostendamque tibi me dignum et Baccalaureum et sacerdotem, te uero totum delirum. Fecisti mihi bona: sed circa hoc plura mala.

42 In der vom 25. Sept. 1502 aus Strassburg datirten Præfatio zu der Epitome rerum Germanicarum sagt Wimpfe-

ling vorsichtiger: sicut a septingentis et octingentis annis Latinæ et Germanicæ linguæ apud nos monumenta reperiuntur.

43 F. X. Kraus, Kunst und Alterthum im Unter-Elsass (Strassburg 1876) S. 545.

44 Der Ausdruck ist dem in Anm. 41 unter 2a mitgeteilten Briefe Murners an Geiler entnommen.

45 In Seb. Brants Annalen über die Ratsverhandlungen stand: « 1502. 3 vigil. Bartholom. Item. Bruder Thomas Murner gedicht so er gemacht hat wider D. Jac. Wimpfeling... Der Bruder soll schwören die büchel nit von Handen zu lassen und auch alle büchel, so er getruckt hat, zu verhalten, nit zu verkąufen und sin leib und gut (so!) weder zu verüssern noch zu verbunden ohne Meister und Rhat Wissen und Gefallen. — Hat 600 getruckt und wohl 6 verkauft. » Ebd. ad 1503. « Item Peter Böltsch (lies: Völtsch) seit auch, die Kaiserl. Majest. habe ihm fürgehalten Murners Druck halb; denselben abzustellen und zu verbieten, dass desselben keines ussgang — Soll man Herrn Peter ein gründlich Antwort geben und zu den Truckern lugen, und mit ihnen und dem münch reden. »

Röhrich in Niedners Zeitschrift für die historische Theologie. 1848. Leipzig. S. 592 Anm. 8.

46 Hieronymus Gebwiler nahm in seiner Schrift Libertas Germaniæ, qua Germanos Gallis, neminem vero Gallum a Christiano natali Germanis imperasse probatur (Strassburg 1519) die Beweisführung seines Lehrers Wimpfeling von neuem auf; fügte aber in der fränkischen Urgeschichte die von W. verschmähten Fabeln, in der carolingischen Geschichte Erörterungen hinzu, welche für die Streitfrage nichts ausmachten.

47 Ueber diese humanistischen Schulen in Strassburg s. Schmidt Hist. Litt. 2, 94.161.

48 Wie sehr gerade die Strassburger Universität während der französischen Herrschaft als Sitz des deutschen Geistes galt, davon zeugen die wiederholten Versuche ihre Aufhebung herbeizuführen, welche in der Revolutionszeit auch zum Ziele gelangten. Doch schon Schöpflin musste um das Jahr 1750 all sein Ansehn und Geschick aufbieten um diese Aufhebung abzuwenden: Fr. Dom. Ring, Vita J. D. Schœpflini (Carolsruhæ 1767) p. 56; und wieder 1848 machten sich in der Pariser Nationalversammlung dieselben feindseligen Absichten gegen die Strassburger faculté de médecine bemerklich. Auch die bekannten *affaires de St. Thomas* in den fünfziger Jahren gehören hierher. Ueber Schœpflin und die Universität s. auch Ch. Schmitt im *Bull. du Mus. hist. de Mulhouse VIII (1883) p. 34 ss.*

49 Zur Geschichte der französischen Ansprüche auf das linksrheinische Gebiet, insbesondere im 17. Jahrhundert, hat Gérard im *Bibliographe alsacien* 1884 p. 57 ff. viel Interessantes zusammengestellt; ein Artikel auf welchen Rathgeber in der Histor. Zeitschr. 1877 S. 451 mit Recht aufmerksam macht. Agricola sagt in dem Anm. 16 unter Db citierten Buche: tota eruditorum schola pflichte den Franzosen bei. Die Hoffnungen, die diese sich auf das Kaisertum machten bezeugt M. Lindner, der auch im Elsass gewesen war, in seinem 1558 erschienenen Katzipori (Ausgabe von F. Lichtenstein, Literarischer Verein CLXIII. Tübingen 1883, S. 132): Der Frantzoss... wie sie denn besser sein wöllen und gerne sehen das ir Künig Kaiser wurde, welches geschehen wirt, wills Gott, morgen früh und wenn das jar Platonis kompt. Doch schon zur Zeit Kaiser Friedrichs I. werden französische Ansprüche auf die Kaiserkrone erwähnt und bekämpft im *Ludus de Antichristo*.

50 Ueber verschiedene der von Wimpfeling angeführten Zeugen für seine Ansichten gibt Ch. Schmidt, 1, 179 Anm. 188, Auskunft. Mit Blondus ist gemeint dessen Buch Historiæ ab inclinatione Romanorum imperii, Venedig 1483-84, mit Robert Gaguin. De origine et gestis Francorum, Paris 1495 97;

mit Marc. Anton. Sabellicus: Rerum venetarum libri, Venedig 1487; mit Platina: Vitæ pontificum, Venedig 1479, Nürnberg 1481. Zumeist aus Hains Repertorium führe ich noch folgende Titel an: Aeneas Sylvius In Europam s. l. e. a. (Auch in der Germania des Aeneas, welche Wimpfeling, Strassburg 1515. herausgab, berührt der Autor in Cap. 32 die von W. erwogene Frage). Joh. Niders Formicarius erschien ö. ohne Jahresangabe, u. a. zu Augsburg. Des Joh. Campanus Oratio in conventu Ratisponensi dicta ad exhortandos principes Germanicorum contra Turcos, ist 1471 gehalten und gedruckt worden. Mit dem Minoriten Hermann ist die Ueberarbeitung der Flores temporum von Martinus Minorita gemeint: s. Potthast. Die von W. angezogene Stelle aus S. Thomas de regimine principum befindet sich im 3. Buch, 3 Cap., wie ich aus Agricolas Erläuterungen (Anm. 13 D *b*) entnehme. Mit den deutschen Chroniken meint W. natürlich Königshofen.

51 Ueber die hier genannten s. den Catalogus scriptorum ecclesiasticorum von Trithemius (1531):

fol. 114 b. Thomas de Argentina, natione theutonicus, ordinis fratrum heremitarum sancti Augustini, post Gregorium Ariminensem, prior generalis, vir in scripturis sanctis doctissimus, et secularis philosophiæ cultor insignis, vita et honestate conversationis clarus, qui ordinem suum verbo et exemplo mirifice sublimavit. Scripsit nonnulla in scripturis preclara volumina, quibus nomen suum ad notitiam posteritatis cum gloria transmisit. E quibus extat luculentissimum opus.

Super sententias li. 4. Dedit abyssus vocem.

Constitutiones ordinis sui li. 1. Et quædam alia.

Claruit sub Carolo Imperatore quarto. Anno dom. MCCCL.

fol. 91 a. Vdalricus de Argentina, natione theutonicus, ordinis fratrum prædicatorum, Alberti magni quondam auditor et discipulus, vir in divinis scripturis eruditus et secularis philosophie non ignarus, ingenio subtilis, sermone scholasticus, composuit non spernendæ lectionis opuscula, quibus et presentibus et futuris innotuit. E quibus extant

Super sententias li. 4. Summa theologiæ li. 1.

De anima quoque li. 1. Et alia multa.

Claruit sub Rudolpho Imperatore. Anno dom. MCCLXXX.

52 Ueber die hier angezogene Ketzerverbrennung des hussitischen Bischofs Friedrich Reiser, s. Röhrich 1, 35. Die Acten über den Process sind noch jetzt vorhanden. Wimpfeling erhielt von der Sache nähere Nachricht durch Geiler, in einem Brief vom 24. Dec. 1497, welcher dem in Anm. 1 angeführten Strassburger Ms. einverleibt worden ist und dessen Anfang folgendermassen lautet:

In vigilia festi nativitatis dni Anno 1497.

Dominus tecum semper. Titulum quem commemoras reperi in libris nescio quibus quondam domini Eucharii Trösch et in scedulam annotaueram et ita forsitan ad te vel Petrum nostrum devolutus fuit. Fridericus iste ut fide dignorum relatione didici, crematus fuit cum famula sua Barbara anno domini 1458 Argentine in platea quæ appellatur forum equorum præsentibus magistro Johanne Wolfhardi inquisitore heretice pravitatis ordinis prædicatorum et Magistro Joanne Crutzer. Porro discipuli eius quorum nomina tibi transmitto annotata ex cancellaria senatus argentinensis crocei coloris crucibus insigniebantur, quas deferri coacti fuerunt quidam ex eis, alii autem pecunia se redimebant, nominatim uxor cuiusdam mercatoris predivitis appellata die Dechsin. Docere solebat ille in quodam cellario circa forum vinorum ubi clam convenire solebant. Abjuraverat errorem in Herbipoli et ideo dimissus, sed quia recidivavit Argentine fuit condemnatus, quamvis ab errore, si non erro, iterum recessit. Si vis et de illo certior fieri aut aliis quibusdam fac sciam et inquirere studebo.

[53] Von den hier angeführten Schriftstellern bedürfen die dem classischen Altertum angehörigen keiner näheren Beschreibung. Unter den übrigen ist nach Hains Repertorium Aegidius Columna, De regimine principum libri III (Augsburg?) 1473 u. ö. erschienen, Petr. Paul. Vergerius... de ingenuis moribus mehrmals o. O. u J., dann Mailand 1477 u. ö.

[54] Ueber die Sendung des Cardinals Raimund von Gurk nach Deutschland, wobei er auch in Strassburg verweilte und mit den Humanisten dort in Verkehr trat, s. u. a. E. Gothein, Politische u. religiöse Volksbewegungen vor der Reformation, Breslau 1878, S. 106 ff.

Nachträgliche Bemerkung zu S. 3.

Dass Dringenberg der früher schon begründeten Schule zu Schlettstadt 1441—1477 vorstand, zeigt Dr. G. Knod Strassb. Stud. 2,437.

Strassburg, Druck von G. Fischbach. — 2776